DÉPARTEMENT DE CONSTANTINE

CONSEIL GÉNÉRAL

ENQUÊTE

SUR

LA RECONSTITUTION DU VIGNOBLE EN FRANCE

ET SUR

LES PLANTS AMÉRICAINS

RAPPORT

DE LA

COMMISSION DÉLÉGUÉE PAR LE CONSEIL GÉNÉRAL

CONSTANTINE

IMPRIMERIE ADOLPHE BRAHAM, RUE DU PALAIS

1892

DÉPARTEMENT DE CONSTANTINE

CONSEIL GÉNÉRAL

ENQUÊTE

SUR

LA RECONSTITUTION DU VIGNOBLE EN FRANCE

ET SUR

LES PLANTS AMÉRICAINS

RAPPORT

DE LA

COMMISSION DÉLÉGUÉE PAR LE CONSEIL GÉNÉRAL

CONSTANTINE

IMPRIMERIE ADOLPHE BRAHAM, RUE DU PALAIS

1892

ENQUÊTE

SUR

LA RECONSTITUTION DU VIGNOBLE EN FRANCE

ET SUR LES PLANTS AMÉRICAINS

RAPPORT

DE

LA COMMISSION DÉLÉGUÉE PAR LE CONSEIL GÉNÉRAL

INTRODUCTION

A la date du 1er juin 1892, M. le Préfet soumettait au Conseil général le rapport suivant :

L'invasion phylloxérique dans le département, à Philippeville et à La Calle, a fait naître chez de nombreux viticulteurs de ces deux régions, l'espoir de pouvoir reconstituer leurs vignobles, au moins en partie, par la vigne américaine.

Le Gouvernement, sollicité par ces viticulteurs et prenant en considération les différents vœux émis à ce sujet par le Conseil général et le Syndicat départemental, a autorisé des plantations de vignes américaines dans les communes de Philippeville et de Saint-Charles. Déjà, près de 200,000 boutures ont été importées et livrées à 75 propriétaires.

La reconstitution par la vigne américaine pourrait donc malheureusement s'imposer au département, car si actuellement les beaux vignobles de Philippeville et de La Calle sont seuls contaminés, on ne peut affirmer que dans un avenir peut-être prochain, le mal n'aura pas envahi d'autres points non moins intéressants..

Il faudrait alors recourir aux mêmes moyens de reconstitution que pour Philippeville, et pourtant, la question de la vigne américaine est encore fortement discutée non seulement en Algérie, mais même en France où, dans bien des départements, certains affirment qu'elle compte parfois autant d'adversaires que de chauds partisans.

La viticulture du département a donc le plus grand intérêt à être éclairée, dans la limite du possible, sur les résultats obtenus partout où ce mode de reconstitution a été pratiqué. C'est ainsi que le département d'Alger, bien qu'indemne encore du phylloxéra, a déjà très bien compris la nécessité d'être fixé sur la valeur des opinions émises, et, dans ce but, a envoyé en mission, l'année dernière, son Professeur d'agriculture et trois Membres de la Société d'agriculture. Cette Délégation, après avoir parcouru le Midi de la France et le Beaujolais, a fourni un rapport contenant les observations recueillies au cours de son voyage ; mais ce rapport, non encore livré à la publicité, n'est pas, paraît-il, favorable à la reconstitution par la vigne américaine.

Afin donc de recueillir, à l'instar de ce département, un renseignement précieux sur les résultats obtenus dans les vignobles reconstitués dans la Métropole, j'ai l'honneur de proposer au Conseil général de charger M. le Professeur d'agriculture et deux Conseillers généraux, viticulteurs, d'une mission qui consisterait à visiter les vignobles importants des départements méridionaux dans lesquels la reconstitution a été faite au moyen de la vigne américaine et à adresser à l'Assemblée départementale un rapport contenant leurs observations et appréciations.

Dans le cas où vous reconnaîtriez, comme moi, l'utilité de cette mission, je vous serai obligé, Messieurs, de vouloir bien désigner les deux Membres du Conseil général qui devront faire partie de cette Commission d'études et de voter un crédit qui me paraît devoir être fixé à 1,000 francs par personne pour les défrayer de leurs dépenses.

Ce crédit serait prélevé sur le fonds de réserve.

Messieurs,

Votre 3ᵉ Bureau approuve la proposition qui lui est faite par l'Administration.

L'enquête à laquelle la mission se livrera est indispensable.

Elle nous permettra de prendre un parti raisonné, en présence des opinions contradictoires qui se font jour au sujet du succès et de l'avenir des plants américains.

Nous vous proposons donc de nommer une Commission de trois Membres qui sera chargée de vous présenter un rapport, après avoir étudié la question sur place, dans les régions où les vignes ont été reconstituées au moyen de plants américains.

Cette proposition est mise aux voix et adoptée.

La composition de la mission est, par suite, arrêtée de la façon suivante :

MM. Bauguil, Professeur départemental d'agriculture ;
Boujol, Conseiller général ;
Cauro, —

Le Conseil décide ensuite qu'une somme de 1,000 fr. sera allouée à chaque Délégué pour le défrayer de ses dépenses.

Cette somme totale de 3,000 fr. sera prélevée sur le fonds de réserve du budget départemental de l'exercice courant.

RAPPORT DE LA COMMISSION

La Commission, avant son départ, avait arrêté : 1° l'itinéraire qu'elle devait suivre ; 2° le programme des questions qu'elle avait plus particulièrement à étudier.

L'itinéraire suivant fut adopté :

1° Parcours des vignobles de la vallée du Rhône et du Beaujolais ; 2° visite des vignobles du Bordelais ; 3° visite des vignobles du Narbonnais, du Roussillon, du Bitterois, du Gard et, enfin, du Var.

Les questions principales à étudier étaient les suivantes :

A. — Quels sont les résultats obtenus dans la reconstitution au moyen des plants américains ?

B. — La reconstitution s'opère-t-elle indistinctement pour toutes les régions, dans tous les sols et quelle que soit leur nature ?

C. — Quels sont les cépages américains producteurs directs ou porte-greffe donnant, dans des conditions déterminées, les meilleurs résultats ?

D. — Quelles sont les méthodes de greffage à recommander ?

E. — Quels sont les résultats apportés par la greffe sur la production et la qualité du vin ?

F. — Visiter des vignes françaises conservées par le sulfure de carbone, le sulfo-carbonate de potassium, la submersion ; indiquer les avantages que présentent ces divers traitements.

G. — Visiter des vignes plantées dans les sables.

H. — Examiner dans quelles conditions de prix s'effectue la reconstitution au moyen des cépages américains.

Conformément à ce programme général, la Commission, après avoir nommé Rapporteur M. Bauguil, se dirigeait d'abord sur Lyon et y visitait l'école de viticulture du département du Rhône, située à Écully, tout près de la gare de Vaise. Cette école est placée sous la direction de M. Pulliat, ancien Directeur de l'Institut agronomique. En son absence, la Commission a été reçue par M. Benoit Fairaud, chef des cultures, qui, avec un empressement dont elle est heureuse de le remercier ici, lui a montré toutes les plantations et fourni tous les renseignements qui lui ont été demandés.

Le sol sur lequel sont installées les cultures de l'école a donné pour 100 à l'analyse : Chaux : 6,3 ; potasse : 0,14 ; acide phosphorique : 0,10 ; azote : 0,5. (sol). — Chaux : 14,6 ; potasse : 0,07 ; acide phosphorique : 0,05 ; azote : 0,27. (sous-sol). — Pierres 30 à 40 pour 100.

L'ensemble du terrain de nature argilo-siliceuse est, on le voit, comme qualité, un peu au-dessous de la moyenne. Sur bien des points la plantation a été faite sur terres rapportées ; les défoncements effectués varient en profondeur de 40 à 60 centimètres. Sur certains points, le terrain inégal ayant dû être nivelé, des parties se trouvent

moins profondes, moins fertiles que d'autres ; sur les premières on sème entre les lignes, des vesces qui, enfouies
en vert, constituent, on le sait, un excellent engrais.

Toutes les souches, placées à 1m50 entre les cordons et à
2 mètres entre les lignes, sont taillées à long bois et palissées
sur fils de fer tenus par 3 montants en fer à T ; le premier
à 20 ou 25 centimètres, le second à 50 ou 55 centimètres,
le troisième à 1m05 ou 1m10 du sol.

Les labours sont faits à la charrue et au nombre de 3 ;
on pratique ensuite de simples binages ou ratissages ;
jusqu'à présent on n'a employé d'une façon générale ni
engrais ni fumures.

La greffe se pratique en avril, en fente anglaise et sur
table ; ainsi préparée, elle est mise en pépinière pour être
plantée à demeure l'année suivante ; les greffons doivent
être pris le plus possible, à partir du 4e nœud, bien choisis, sur des pieds vigoureux, productifs, exempts de maladies cryptogamiques ; la reprise sur *Vialla* est estimée
à 80 pour 100. Quelques vieilles souches ont été greffées
en fente simple. Les cépages américains cultivés à l'école
d'Ecully sont très nombreux ; la Commission a examiné
une collection placée à part qui est fort remarquable.

Parmi, se trouvent certaines variétés qui ont été expé-
rimentées soit comme producteurs directs, soit comme
porte-greffe et dont l'emploi est aujourd'hui complètement
abandonné, tels sont les *Cornucopia, Othello, Secretary,
Huntingdon,* etc. chez lesquels la résistance au ph, sloxéra
est insuffisante.

Sur un autre point, la Commission rencontre une 'nté-
ressante collection d'hybrides Couderc, à végétati su-
perbe, à bois long et vigoureux ; tous ces hybrides sont
l'objet d'études suivies, persévérantes au point de vue de
leur valeur, non comme producteurs directs, mais surtout
comme porte-greffe. Jusqu'à présent aucun d'eux ne paraît présenter les qualités de résistance au phylloxéra et
d'adaptation au sol que l'on recherche.

Le *Vialla* est le porte-greffe le plus estimé, le préféré
à l'école d'Ecully ; nous retrouverons cette préférence bien
marquée dans tout le Beaujolais. Le plant français utilisé
est le *Gamay* et aussi l'*Alicante-Bouschet*, celui-ci en
petite proportion. La Commission remarque un petit vignoble de *Gamay* greffé sur *Vialla* qui, à sa 3e feuille, a
donné un rendement de 25 hectolitres à l'hectare. Les

Gamay greffés sur *Riparia* ont fléchi à la 5ᵉ feuille, à l'école d'Ecully ; ce dépérissement est attribué par M. Fairaud à la disproportion existant entre le porte-greffe et le greffon, disproportion produisant un véritable étranglement au point de soudure des deux sujets. La Commission a pu constater que cette disproportion existe à un degré beaucoup moindre sur le *Vialla* greffé. Le *Taylor* constitue également un bon porte-greffe. La Commission remarque encore que la petite *Syrrah* greffée sur *Jacques* donne de meilleurs résultats que greffée sur *Solonis*. Elle constate aussi que le *Saint-Sauveur* greffé sur *Vialla* qui ne produit qu'à la 5ᵉ feuille, offre une soudure parfaite, non disproportionnée ; elle examine un hybride de *Solonis-Riparia* qui, paraît-il, serait très résistant au phylloxéra.

Elle aurait désiré voir, constater sur les feuilles de ces vignes américaines, les galles produites par le phylloxéra folliicole ; elle a cherché à en découvrir, mais sans succès. M. Fairaud, depuis 5 ans qu'il habite Ecully n'en a pas constaté.

Au milieu de ces vignes américaines greffées, dont l'âge varie entre 3, 4 et 5 ans (à l'exception des *Durifs* âgés de 14 ans et très vigoureux) se trouvent des plantations de cépages français tels que *Alicante-Bouschet, Pinot, Gamay* et *Carignan* âgés de 5 ans et qui dépérissent avec une grande rapidité. M. Fairaud estime qu'on sera obligé de les arracher en totalité en 1893.

Tout auprès, dans une parcelle complantée en *Gamay* directs et placée en pente d'environ 45 degrés, un expérimentateur essaie, depuis 3 ans et sans succès, un insecticide à base de phosphore ; il emploie, en même temps, une taille longue, spéciale, qu'il qualifie d'aérienne. Une vieille vigne, également en *Gamay*, et conservée comme témoin est en bien meilleur état, grâce à un apport de terre d'environ 15 centimètres d'épaisseur sur toute la surface, en 1889.

La Commission termine sa visite à Ecully en y examinant une collection remarquable de cépages à raisins de table greffés sur *Vialla* et d'une vigueur incontestable.

Elle estime que, quelque intéressants que soient les résultats déjà obtenus à l'école d'Ecully, ils ne remontent pas à une époque assez éloignée pour être concluants ; ils appartiennent d'ailleurs beaucoup plus, en l'état actuel, au domaine de l'expérimentation qu'à celui de la pratique, mais même dans ces conditions, ils doivent être considérés

comme un excellent encouragement pour l'œuvre de reconstitution par la vigne américaine.

PROPRIÉTÉ VERMOREL

Le domaine de M. Vermorel comprend deux parties
bien distinctes : l'une située à Villefranche qui constitue
une dépendance de l'importante station viticole créée par
cet agriculteur dévoué et l'autre à Combes, commune de
Liergues.

A Villefranche même, la Commission visite d'abord
l'important atelier de machinerie agricole de M. Vermorel, en deuxième lieu le laboratoire confié aux professeurs
MM. J. Perraud et Deresse et enfin le champ d'expérimentation et d'études.

Le laboratoire comprend des salles de physiologie et de
pathologie végétales, de microscopie, de chimie, un ob-
servatoire de météorologie, une serre de culture et une
cave expérimentale ; au fronton de la construction nous
remarquons l'inscription suivante : *Progrès par l'expérience*.
M. Vermorel est un de ces hommes qui honorent et font
aimer l'agriculture, nous sommes heureux de lui rendre
ici cet hommage bien mérité.

Le vignoble attenant en grande partie à l'école comprend
7 hectares complantés en vignes américaines de toutes variétés, le plus grand nombre greffées, quelques unes directes ; ces dernières sont conservées pour études. On y rencontre des *Riparia*, des *Vialla*, des *Rupestris*, des *Jacques*, des *Clinton*, des *Taylor*, des *Noah*, des *Elvira*,
des *Cornucopia*, des *Secretary*, etc. etc., presque toute
la collection des cépages américains, pourrait on affirmer;
chaque variété occupe une ou deux rangées étiquetées,
marquées avec soin. Les producteurs directs sont soute-
nus au moyen de longues perches, leur développement en
hauteur, qui atteint parfois plus de 5 mètres, les fait res-
sembler de loin à de véritables arbres.

Le sol sur lequel repose la plantation est argilo-siliceux ;
on a dû, à la période de début, y faire des injections de
sulfure de carbone, à raison de 20 grammes par mètre
carré, pour le débarrasser des vers blancs du hanneton
qui rongeaient les boutures.

La greffe est faite en fente anglaise et sur table ; le sujet est ensuite placé en pépinière pour être planté l'année
suivante à demeure.

M. Vermorel estime cependant qu'il y aurait peut-être

plus d'avantage à greffer les *Solonis* et les *Rupestris* sur racinés.

Les *Vialla* donnent une moyenne de reprise de 70 pour 100, les *Riparia* de 60 pour 100 et les *Rupestris* de 25 à 30 pour 100 au maximum ; l'*Yorth-Madéïra* est un bon porte-greffe, surtout dans les terres un peu sèches ; il est un peu long à se développer, mais à l'âge de 4 et 5 ans, devient très vigoureux, fournit des rameaux remarquables de volume ; la Commission a pu constater ce fait.

Les boutures racinées et greffées sont évaluées à raison de 180 fr. le mille.

M. Vermorel estime que chaque vigneron désireux de reconstituer en américains, doit tout d'abord constituer sa pépinière; c'est le moyen le plus économique et le plus sûr d'arriver à un bon résultat.

Le *Riparia* doit être greffé alors qu'il est encore jeune si l'on veut avoir une bonne moyenne de reprise.

L'*Othello* est un cépage qui, comme porte-greffe, pousse beaucoup à la production ; à la 3e feuille, son rendement peut s'élever à 60 ou 70 hectolitres, mais généralement à la 3e et 7e feuille le dépérissement se produit par suite de la non résistance au phylloxéra.

Le *Cornucopia* et le *Canada*, employés comme producteurs directs ne sont pas résistants et donnent des vins moins que passables ; il en est de même des *Elvira* et des *Noah;* la Commission, grâce à l'obligeance de M. Vermorel a pu goûter les vins rouges fournis par les premiers cépages et les vins blancs produits par les seconds ; tous ont un goût désagréable et foxé.

Le *Cynthiana* donne un vin assez coloré à goût moins foxé, mais la bouture est de reprise très difficile ; cette reprise s'élève rarement au-dessus de 40 pour 100.

Dans la plantation la plus rapprochée de l'Ecole, la Commission remarque une vigne formée par des *Castel*, des *Pinot* et des *Gamay*, greffés sur *Vialla* et qui, à sa 3e feuille a donné un rendement de 125 hectolitres à l'hectare. Cette vigne avait reçu une fumure évaluée à 10,000 kilos. et une quantité de 300 kilogr. d'engrais potassique (kaïnite) et 150 kilogr. phospho-guano par hectare. (Formule nº 2, engrais Vermorel). — Cet engrais est coté 28 francs les 100 kilos, soit à l'hectare 960 francs. C'est là, certainement, une dépense très élevée, compensée il est vrai par un rendement remarquable, étant donné surtout l'âge de la vigne ; il est à noter également que cette dépense ne sera pas renouvelée avant 4 ou 5 ans. Après cette première application on se borne à des fumures à raison de 10,000 kilos par hectare.

La Commission recherche sur les feuilles des producteurs directs les galles produites par le phylloxéra ; elle en trouve seulement sur des *Secretary* et des *Cornucopia*. M. Perraud estime que dans le Beaujolais, elles se montrent en nombre relativement peu élevé et seulement sur quelques variétés, telles que les précédentes ; ce nombre varie, d'ailleurs, suivant les années ; il croit qu'elles doivent se former beaucoup plus nombreuses en pays chaud.

VIGNOBLE DE COMBES

Le vignoble de Combes, d'une contenance de 32 hectares environ, domine la vallée de la Saône ; il est complanté en terre argilo-siliceuse ne contenant qu'une petite quantité de chaux. Les cépages prédominants sont les *Gamay*, les *Castet*, les *Chasselas*, les *Pinot*, les *Alicante-Bouschet* greffés sur *Riparia* et *Solonis* et surtout sur *Vialla*. La culture est très soignée, l'état de la végétation très bon ; le vignoble ne présente pas d'affaiblissement.

L'âge de la vigne varie de 3, 4, 5, 6, 10 ans (*Gamay* sur *Solonis*), 12 ans (*Gamay* sur *Riparia* et *Vialla*). Ces derniers sont très vigoureux.

Dans les jeunes plantiers, on remarque que les lignes sont formées successivement de plants greffés sur *Riparia* et de plants greffés sur *Vialla* ; cette disposition permet à M. Vermorel d'apprécier quel est des deux cépages le meilleur porte-greffe. Le *Vialla* lui paraît préférable, par ce motif surtout que le bourrelet au point de soudure est moins développé, que l'étranglement qui en résulte est bien moindre qu'avec le *Riparia* ; ce dernier, cependant, semble pousser à une production plus grande ; cet avis est également celui du vigneron, contre-maître.

La Commission examine une vigne de 6 ans en *Gamay* greffé sur *Riparia*. Elle constate la différence très sensible qui existe entre le volume du porte-greffe et celui du greffon ; cette vigne est cependant très vigoureuse, chargée de fruits.

Les deux parcelles de vignes qui attirent surtout l'attention de la Commission sont : l'une de *Gamay* sur *Solonis*, âgée de 10 ans, et l'autre également de *Gamay*, mais greffée sur *Vialla* et âgée de 12 ans ; toutes deux sont vigoureuses, chargées de fruits, la deuxième encore plus que la première. Elles ont donné, en 1891, 70 hecto-litres à l'hectare ; cette constatation est une première con-damnation de la théorie affirmant l'affaiblissement absolu et progressif du cépage américain greffé, à mesure qu'il avance en âge ; la Commission, au cours de ses visites, aura plusieurs fois l'occasion de constater le même fait.

La plantation est faite à 1m50 au carré. Les façons cul-turales, au nombre de 3 et 4, sont faites au crochet, par un homme employé à l'année et payé à raison de 3 fr. 50 par jour. Dans d'autres cas, les travaux culturaux sont pratiqués à métayage, c'est-à-dire à mi-fruit ; on donne à ce métayer quelques autres avantages, tel que celui de la jouissance d'un pré d'un hectare qui lui suffit pour entre-tenir une ou deux vaches ; le métayage s'applique géné-ralement par vignoble de 3 hectares et par homme ; la som-me d'argent nécessitée pour les façons culturales et la taille est représentée par 300 fr.

Les frais de fumure sont. évalués, pour la première an-née, à 1,000 fr. ; les années suivantes, ils varient entre 225 et 275 fr. l'hectare.

M. Vermorel estime à 2,200 et 2,500 fr. l'hectare les frais de plantation d'un hectare de vigne américaine gref-fée et à 600 fr. environ ceux d'entretien par année.

C'est une erreur de croire que le greffon, à la longue, donne un vin de qualité inférieure ; dans le Beaujolais, où la reconstitution se produit partout à grands pas, sur le marché très important en vins de Belleville-sur-Saône, les acheteurs ne font aucune différence entre le vin obtenu de greffé et celui produit par la vieille vigne française di-recte. Il serait exagéré de prétendre que le greffage aug-mente la qualité ; mais ce qui paraît incontestable, c'est que le vin de *Gamay* récolté sur *Riparia* ou *Vialla* de 5 à 6 ans, est plus riche en alcool que celui obtenu d'une vigne en *Gamay* direct traitée par le sulfure de carbone.

Il semble certain, d'autre part, que la vigne américaine greffée donne un rendement élevé beaucoup plus rapide-ment que la vigne indigène.

M. Vermorel est constructeur d'instruments destinés à l'emploi du sulfure de carbone, en même temps qu'action-naire d'une usine importante pour la fabrication de ce produit insecticide ; il ne peut donc, d'une façon absolue, être suspecté de partialité pour l'une ou pour l'autre des deux méthodes, par l'un ou l'autre des camps, l'un partisan de la reconstitution par les cépages américains greffés, l'autre partisan de la conservation du vignoble par les traitements culturaux. Il a employé pendant très longtemps ces traitements et a dû y renoncer ; ils ne donnent point les résultats qu'on serait en droit d'en attendre, et cependant, les terrains du Beaujolais sont, par leur nature perméable, des plus favorables à l'action du sulfure.

Dans l'esprit de M. Vermorel, ces traitements n'ont une valeur réelle, indiscutable, partout où ils sont possibles économiquement et peuvent donner des résultats, que parce qu'ils permettent au propriétaire, en conservant son vignoble pendant quelque temps encore, d'en reconstituer peu à peu un nouveau au moyen de la vigne américaine ; c'est de cette façon qu'il est sage de procéder et c'est, du reste, la voie que la plupart des vignerons du Beaujolais ont suivie. Et, comme exemple, M. Vermorel montre à la Commission un vignoble reconstitué en américains et appartenant à M. Chatillon, fils du Maire de Lima. Ce propriétaire, un des plus zélés partisans des traitements culturaux, s'apercevant qu'il lui serait impossible de maintenir longtemps encore son vignoble français, malgré tous ses soins, prit le parti de procéder peu à peu à sa reconstitution ; c'est le moyen le plus économique et le plus sage, en ce sens que l'argent ou partie de l'argent rapporté par la vigne française, conservée au moyen du sulfure, permet la reconstitution progressive, sans avoir recours au crédit ou sans immobiliser un nouveau capital.

DOMAINE PULLIAT (CHIROUBLES)

Le domaine de M. Pulliat est situé au fond de la vallée que dominent les coteaux de Chiroubles. Pour y parvenir, la Commission traverse les vignes de Belleville, de Pizet et, enfin, de Villié-Morgon.

Dans toute cette région, qu'un Membre de la Commission a visité pour la première fois en 1886, presque partout, les traitements au sulfure de carbone ont été abandonnés et la reconstitution au moyen des *Vialla* et *Riparia* greffés s'est opérée, s'opère sur de grandes surfaces, non seulement par le grand propriétaire, mais aussi par le petit vigneron. La Commission a pu s'assurer de ce fait, surtout au Pizet, où elle a également remarqué un vignoble de *Gamay* sur *Vialla*, âgé de 14 ans et bien conservé.

Le vignoble de M. Pulliat est situé pour la plus grande partie en coteau dont le sol est de nature argilo-siliceuse reposant sur des gneiss.

La plantation est faite d'une façon uniforme à 1 mètre au carré et sur défoncement de 0ᵐ50 à la pioche-pic ; sur bien des points, les terres doivent être retenues par des murs, tantôt en pierres sèches, tantôt en maçonnerie.

Toutes ces terres, par leur aspect général, par leur déclivité, leur nature, rappellent celles des environs de Philippeville, plus particulièrement celles des coteaux de Stora, du Beni Melek, de l'Oued Louach, de l'Oued Kaspa ; une analyse tout à la fois chimique et physique les montrerait très probablement identiques.

M. Pulliat, avec une obligeance et une amabilité dont la Commission ne peut lui être trop reconnaissante, lui montre d'abord les vignes françaises en coteaux, traitées au moyen du sulfure de carbone. Parmi ces vignes, quelques-unes ont encore une végétation assez satisfaisante, alors que d'autres sont presque dépérissantes, présentent de nombreux rameaux rabougris, et une production fructifère peu élevée ; celles-là n'ont pas été fumées suffisamment. Fait à signaler : dans le même vignoble, on trouve des souches vigoureuses, alors que d'autres paraissent sur le point de mourir. Et cependant, M. Pulliat nous fait remarquer que depuis de longues années les vignes sulfurées n'avaient été aussi belles. Le traitement est pratiqué à la fin de l'hiver, au début du printemps et à la dose de 18 grammes par mètre carré ; on ne peut nier que grace à lui, la plus grande partie du vignoble Chiroubles est conservée depuis près de 15 ans ; mais il faut noter également que peu de sols présentent, au point de vue du traitement, les mêmes avantages que ceux de Chiroubles ; leur perméabilité est une condition certaine de diffusion pour le sulfure et, néanmoins, les racines sont toujours garnies d'insectes en plus ou moins grand nombre et les vignes qui, pendant une année seulement n'ont été ni sulfurées ni fumées périclitent rapidement. Ces inconvénients et aussi la cherté de la main-d'œuvre ont décidé bon nombre de propriétaires à abandonner ce moyen de conservation qui cependant a donné là, plus que partout ailleurs, les meilleurs résultats.

M. Pulliat nous fait parcourir ensuite son vignoble en nous donnant un enseignement que sa haute science et sa grande expérience nous rendent précieux à tous égards. Il nous montre, pour nous prouver l'inexactitude de l'assertion visant l'affaiblissement du cépage américain greffé à mesure qu'il avance en âge, des *Gamay* sur *Taylor*, sur *Clinton*, des *Chasselas* sur *Vialla* datant de 18 ans ; ces ceps sont forts, robustes, vigoureux, donnant un rendement au-dessus de la moyenne. Ce rendement s'élève à environ 30 hectolitres par hectare et est vendu de 50 à 100 fr. l'hectolitre.

Le vignoble est fumé tous les 3 ans à raison de 40,000 kilogr. de fumier ; on n'emploie pas d'engrais chimiques.

On a recours partout, dans le Beaujolais, comme en Bourgogne, à l'échalas parce qu'il semble constituer un excitant à la végétation.

En règle générale, on peut estimer que la reconstitution en vigne américaine greffée coûte 500 fr. de plus par hectare que la création d'un vignoble français sur la même étendue.

Le vigneron désireux de reconstituer doit tout d'abord créer sa pépinière ; en ayant recours à des plants non produits par lui, il s'expose à de nombreux mécomptes, procède bien moins sûrement et dépense beaucoup plus.

Le *Vialla* est le porte-greffe par excellence du Beaujolais et il mérite bien cette préférence ; avec le *Rupestris* il est celui qui réussit le mieux dans les terrains maigres. Le *Riparia* convient surtout dans les terrains profonds ; un peu difficile de reprise au greffage, au moins dans le Beaujolais, il a encore l'inconvénient de rester un peu plus faible que le greffon et, par ce fait, de former un bourrelet qui, d'après les règles connues en arboriculture, constitue un obstacle à la circulation de la sève ; on ne peut nier cependant qu'il pousse à la production.

L'*Elvira*, dont on a parlé comme producteur direct pour la production des vins blancs est assez résistant sous cette forme ; mais, utilisé comme porte greffe, devient faible.

La Commission remarque un *Aramon-Rupestris,* qui placé à côté d'un *Elvira* dont les racines sont garnies d'insectes n'en présente que très peu sur les siennes ; mais cet hybride, d'après M. Pulliat à l'inconvénient d'être d'une reprise difficile.

Le *Solonis-Riparia,* expérimenté depuis quelques années déjà, paraît être actuellement le meilleur des porte-greffe hybrides ; il a incontestablement cet avantage de n'être que très peu attaqué par le péronospora.

La reconstitution par le cépage américain d'après

M. Pulliat, est une opération coûteuse ; l'entretien de la
vigne américaine greffée est également d'un prix plus
élevé que celui de la vigne française ; il y a, par suite, le
plus grand intérêt à conserver, à faire tous ses efforts
pour conserver cette dernière toutes les fois que la nature
du terrain et les conditions économiques le permettent.

M. Pulliat, enfin, a pu constater, comme presque tous
les viticulteurs du Beaujolais que le greffage sur vigne
américaine donnait aux plants une plus grande vigueur,
aux fruits une maturité plus précoce et aux vins récoltés
une qualité au moins égale à celle des vins recoltés sur
vignes françaises directes, en même temps qu'une plus
grande richesse alcoolique.

VIGNOBLE DU PUY-DE-DÔME

La Commission devait en quittant le Beaujolais, se
conformant à l'itinéraire adopté, se rendre dans le Bordelais.

En passant par Clermont, elle a voulu se rendre un
compte sommaire de l'état du vignoble dans cette région
et elle croit devoir consigner dans ce rapport le résultat
de ses observations recueillies chez quelques propriétaires, grands et petits.

Le phylloxéra a fait son apparition dans le département
du Puy-de-Dôme en 1886, dans 9 communes différentes,
mais peu éloignées les unes des autres ; actuellement, le
nombre des communes contaminées s'élève à 50 ; on n'y
a jamais fait de traitements d'extinction.

Le vignoble entier du département comprend 40,476
hectares, sur lesquels près de 4,000 sont contaminés ou
dépérissants ; on évalue, pour 1892, à un demi-million de
francs la diminution de récolte produite par le phylloxéra.

Presque partout, on commence à traiter culturalement,
au moyen du sulfure de carbone, les vignes atteintes par
l'insecte ; c'est ainsi que certaines communes qui, en 1886,
avaient utilisé juste un fût de sulfure, en ont employé 60
en 1892. Mais, il faut bien le noter, ces traitements ne
sont appliqués, et avec juste raison, que dans les sols lé-
gers, perméables ; et on a dû en abandonner l'application
partout où les terres sont, au contraire, fortes et argileuses.

D'autre part, bien que les vignes contaminées soient

défendues plus énergiquement que par le passé, on prévoit déjà le moment où les dépérissements s'accentuant, le mal s'étendant de plus en plus, il faudra, ces vignes disparaissant, les remplacer par d'autres. Et on estime, dans le département, qu'il y a peut-être plus d'inconvénients que d'avantages à retarder la culture des cépages américains *dans les communes phylloxérées* et où les communes en ont fait la demande, parce que, dit-on, l'interdiction qui pèse sur cette culture n'empêche pas qu'elle soit faite, mais frauduleusement et alors sans discernement, au moyen de toutes sortes de boutures sans valeur. Il est certain que dans ces conditions, la reconstitution ne pourra se produire que d'une façon tout à fait désastreuse au double point de vue du résultat négatif obtenu et de la perte de temps et d'argent.

C'est pour obvier, dans une certaine limite, à ces inconvénients que le Conseil général du département du Puy-de-Dôme vient de voter une somme de 2,000 fr. destinée à la création de pépinières départementales dans les communes phylloxérées.

En quittant le Puy-de-Dôme, la Commission se rendait directement à Bordeaux.

Elle y recueillait tout d'abord de M. Vassillière, le remarquable Professeur départemental d'agriculture de la Gironde, de précieux renseignements sur la culture des vignes française et américaine, en même temps que les indications nécessaires pour la visite d'un certain nombre de domaines.

D'autres renseignements non moins utiles sur la même question lui étaient également donnés par M. Berniard, un des principaux courtiers en vins de Bordeaux et dont tous les viticulteurs algériens connaissent la compétence et l'affabilité.

VIGNOBLES DU BORDELAIS
CHATEAU LAFFITE

Ce vignoble, un des plus remarquables du Bordelais et, par conséquent, de France, appartient à la famille Rotschild, qui l'a payé 4,500,000 fr. Il comprend 75 hectares et est situé dans la commune de Pauillac (arrondissement de Lesparre). Placé en palus, c'est-à-dire en terrain limoneux, profond et fertile, mélangé d'un grand nombre de

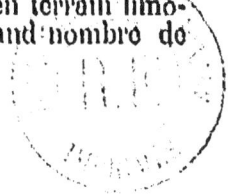

cailloux, il est planté à 1 mètre en tous les sens et comprend, par suite, 10,000 souches à l'hectare. Envahi depuis plus de 15 ans par le phylloxéra, il est conservé grâce aux traitements culturaux ; ces traitements sont effectués à l'automne, soit au sulfure de carbone, à la dose de 12 grammes par mètre carré, en une seule application, soit au moyen du sulfo-carbonate de potassium dissous à raison de 60 grammes dans 20 litres, solution que l'on verse dans une cuvette creusée autour de la souche. La main-d'œuvre pour le sulfurage au pal est évaluée à 3 fr. les 1,000 ceps, soit pour 1 hectare (10,000 ceps) à 30 fr.

Les résultats obtenus sont indiscutables, au double point de vue de la conservation du vignoble et de la qualité ; l'état de la végétation est généralement très bon et si, sur quelques points, la Commission remarque quelques affaiblissements, elle est d'avis qu'ils peuvent être attribués tout autant à une récente atteinte de grêle qu'à la présence du phylloxéra.

Le vignoble, en effet, d'après les renseignements qu'elle avait recueillis, présentait avant la venue de la grêle une végétation remarquable permettant d'espérer une récolte importante, signalée déjà dans le monde entier.

Les cépages constituant le vignoble sont : le *Merlot*, le *Malbec*, le *Cabernet*, le *Sovignon*, dont les souches sont âgées, les unes de 25 ans, les autres de 30, 35, 40 ans et plus. Les plus vieilles sont l'objet de soins tout à fait particuliers, et ce n'est que lorsqu'elles sont tout à fait épuisées, lorsqu'elles paraissent ne plus pouvoir être maintenues, qu'on se décide à les arracher.

La taille est faite longue, mais sans exagération ; ce que l'on recherche surtout, c'est la qualité et non la quantité.

On n'emploie pas de fumiers de ferme, mais seulement des engrais potassiques et phosphatés, tous les trois ans et à la dose, par hectare, de 300 kilos pour les premiers (chlorure de potassium) et de 400 kilos pour les seconds (superphosphates de chaux Chilton).

La production varie entre 18 et 27 hectolitres à l'hectare.

Le prix de vente varie suivant les années et la qualité ; pour les vins de l'année : entre 444 fr. et 666 fr. l'hectolitre ; soit, en prenant une production de 22 hectol. 5 et un prix moyen de 550 fr., un rapport brut de 12,487 fr. à l'hectare, et pour 75 hectares, 936,525 fr.

Quelques essais de greffes sur vigne américaine sont faits depuis trois ans au château Laffite et dans une partie tout à fait réservée du domaine ; le porte-greffe choisi est le *Riparia*.

M. le Régisseur général du château Laffite est en même temps propriétaire d'un vignoble d'une certaine importance dans le Bas-Médoc ; il estime que la reconstitution en plants américains greffés s'impose partout où la nature des terres fortes, argileuses, ne peut permettre l'emploi des insecticides ; il considère comme indiscutable actuellement le succès de la reconstitution du vignoble français par la vigne américaine.

Contrairement à l'opinion émise par quelques-uns, la qualité du vin n'a pas baissé ; les courtiers, comme les négociants, achètent au même prix les vins récoltés sur américains greffés et sur plants français. Le greffage paraît, au contraire, avoir déterminé d'abord une maturité plus précoce et, en deuxième lieu, semble donner au vin plus de corps sans lui enlever de sa finesse.

DOMAINE DE M. M.... P....

Ce vignoble important, d'une contenance de 20 hectares environ, est situé dans la commune de Quinsac, canton de Créon (arrondissement de Bordeaux).

La vigne a été plantée tantôt sur défoncement général à 0m40 de profondeur, tantôt sur défoncement partiel, toujours à une profondeur de 0m40, mais sur une largeur de 1 mètre simplement pour la plantation de la rangée de vigne.

M. M.... P.... évalue le défoncement général fait à la main à 400 fr. et le défoncement partiel à 125 ou 150 fr. au maximum.

Le greffage est pratiqué tantôt en fente ordinaire sur racinés, tantôt en fente anglaise sur boutures placées en pépinière.

M. M.... P.... estime que la préparation en pépinière est le seul moyen pouvant permettre la reprise à peu près certaine de la bouture américaine, simple ou greffée.

Le sol, d'après lui, est argilo-calcaire ; il nous paraît devoir contenir également de la silice.

Le nombre de souches varie à l'hectare suivant qu'il

s'agit de producteurs directs ou greffés ; les premiers sont placés à 1m50 les uns des autres, les seconds à 2 mètres.

La culture est bien faite, soignée ; la végétation est cependant languissante sur de nombreux greffés et aussi sur quelques producteurs directs, tels que les *Herbemont, Othello* ; ces dépérissements sont d'autant plus marqués qu'on examine des parcelles n'ayant pas été fumées depuis 3 et 4 ans.

L'âge de la vigne varie ; certains producteurs directs, tels que l'*Herbemont*, ont jusqu'à 16 ans d'existence ; des *Jacquez* sur lesquels ont été greffés des *Cabernet* datent de 1876 et sont encore assez vigoureux.

Les façons culturales, au nombre de 4 par an, sont pratiquées à la main ; on estime leur coût à 180 fr. l'hectare ; ce chiffre a paru peu élevé à la Commission ; les frais de taille ne dépassent pas 35 fr. l'hectare.

M. M... P... fume la plupart de ses plantations, ses vignes greffées notamment, à raison de 20,000 kilos à l'hectare chaque année ; la tonne de fumier lui revient à 10 fr., soit 200 fr. à l'hectare.

Les opérations de soufrage sont faites, au maximum, 2 fois par an ; le nombre de sulfatages varie entre 3 et 5, suivant les conditions météorologiques ; elles ont été pratiquées trois fois cette année au moyen de la bouillie bordelaise.

Aucun traitement n'est fait contre la chlorose.

M. M.... P.... vend presque tous ses raisins à un prix variant entre 15 et 20 fr. les 100 kilogr., pris au domaine ; il a récolté en 1890 et 1891, sur une pièce de 1 hectare 66 ares, complantée en *Herbemont* direct, 260 hectolitres d'un vin qu'il a vendu 22 fr. l'hectolitre.

Le vignoble de M. M.... P.... ne présente pas une grande uniformité de végétation. Sur certains points, des *Chasselas* greffés sur *Riparia* sont très vigoureux, tandis qu'à une faible distance de ces *Chasselas*, des *Herbemont* directs, âgés de 10 ans, sont très chlorosés, et qu'un peu plus loin, des *Cabernet-Sauvignon* de 7 à 8 ans, greffés sur *Riparia*, sont presque dépérissants et ne sont maintenus qu'à force de fumure.

L'impression laissée par la visite de ce domaine amène la Commission à conclure que les résultats acquis par M. M.... P.... sont loin d'être encourageants ; il semble, d'ailleurs, que l'œuvre de reconstitution y ait été entreprise sans plan bien défini, bien arrêté ; on y a fait de nombreux essais et on en fait encore ; le sol, du reste, qui, dans bien des points, paraît à prédominance calcaire, ne semble pas très propice à la reconstitution par la vigne américaine.

Jusqu'à présent, le résultat acquis, encore poursuivi d'ailleurs, est la production de raisins d'*Othello* et d'*Herbemont,* vendus à un prix très rémunérateur, en même temps que la fabrication d'un vin de producteur direct dont on affirme trouver un écoulement facile.

M. M.... P.... fait goûter à la Commission une eau-de-vie de *Cuningham,* âgée de 3 ans et assez franche de goût.

Les traitements au sulfure de carbone ont été pratiqués pendant quelques années par M. M.... P.... ; il a dû les abandonner, en présence d'insuccès bien marqués.

La commune de Quinsac conserve cependant encore quelques vieilles vignes françaises au moyen du sulfure, mais leur nombre diminue chaque année et le mouvement de reconstitution par les vignes américaines (*Riparia* greffé) s'accentue chaque jour.

DOMAINE DEZEIMERIS

Ce domaine est situé à Loupiac, à quelque distance du bourg de Cadillac, sur la rive droite de la Garonne ; il repose sur des terrains argileux, profonds, appartenant au miocène inférieur.

Le vignoble, cultivé avec beaucoup de soin, présente dans son ensemble une végétation remarquable, aussi bien sur les plants français producteurs directs que sur ceux greffés sur plants américains ; parmi ces derniers, c'est le *Riparia* qui est surtout employé comme porte-greffe, avec succès ; les greffons sont choisis parmi les cépages *Cabernet, Cabernet-Sauvignon, Malbec, Merlot.*

Les vignes greffées sur *Riparia* sont les plus âgées ; elles comptent 6, 7 et 8 ans.

La greffe est faite le plus souvent en fente simple sur bouture placée en pépinière ; cette façon de procéder est, d'ailleurs, presque la seule suivie dans la région.

Les façons culturales sont données au crochet au nombre de 5, 6 et 7 ; leur prix de revient varie entre 275 et 325 fr.

Il n'est pas appliqué d'engrais sur la propriété ; le fumier seul est utilisé tous les trois ans et à la dose de 30,000 kilos à l'hectare.

Le vignoble de Loupiac était intéressant à visiter, non seulement à cause des résultats obtenus par la culture des plants américains greffés, mais encore au point de vue des résultats produits par la taille spéciale inventée et préconisée par M. Dezeimeris.

On sait en quoi consiste cette méthode spéciale de taille ; on ne doit jamais couper le sarment au ras du rameau dont il émane, mais faire la section, au contraire, dans le deuxième nœud de ce sarment ; on n'enlève qu'à la fin de la deuxième année les tronçons de sarments restés le long de la tige. Ce mode opératoire évite les blessures causées par la taille ordinaire dans laquelle la section des sarments pratiquée au ras du cep produit toujours une altération interne des tissus. A chaque ablation du sarment correspond, en effet, une nécrose des tissus qui s'étend parfois à une assez profonde distance dans l'intérieur du cep ; il résulte de ce fait que le canal par lequel monte la sève se trouve considérablement rétréci et que celle-ci, obligée de passer par cet étranglement, n'arrive plus en quantité suffisante, dans la partie aérienne, pour donner une végétation vigoureuse.

La Commission a examiné, avec soin, les vieilles vignes françaises traitées par la taille que nous venons d'indiquer et elle a pu constater que ces vignes étaient vigoureuses, pleines de force ; le bois qui s'est formé est sain, léger, vigoureux, alors que le précédent était avorté, chancreux. L'opération faite pour la première fois, en 1887, a été continuée depuis sur les mêmes vignes sans qu'on ait jamais employé d'engrais, jusqu'en 1892 ; seulement cette année, et sur une partie de cette vieille vigne française il a été placé un engrais complet, et à titre d'expérimentation.

La Commission a constaté des insectes sur les racines de trois souches examinées ; ces insectes sont, il est vrai, en petite quantité, comparativement à celle que l'on remarque sur les racines des vignes atteintes à Philippeville.

M. Dezeimeris remplace les manquants par des provins tirés de ses vieilles vignes sans que celles-ci paraissent en souffrir.

Dans l'opération du greffage, il est toujours laissé un œil au-dessus, comme protection ; le moment venu on enlève le ou les sarments produits par ce bourgeon. L'ébourgeonnement est le seul inconvénient reproché à la taille Dezeimeris.

Ce propriétaire a eu, pendant longtemps, recours aux traitements culturaux ; il a dû les abandonner estimant que les inconvénients qu'ils présentent surpassent de beaucoup les avantages qu'on peut en retirer ; en terrains argileux, un peu forts, ils sont, d'ailleurs, toujours très dangereux.

La reconstitution par les cépages américains s'impose partout où le phylloxéra a fait son apparition ; la greffe sur cépages américains donne en même temps la précocité et la quantité ; c'est une erreur de croire que la qualité disparaît, elle est conservée et presque toujours le degré alcoolique est augmenté.

M. Dezeimeris estime que son mode de taille, aidé par des fumures trisannuelles et des engrais, pourrait permettre de conserver indéfiniment les vignes françaises ; il conseille cependant de ne pas s'en tenir à cette seule méthode et de s'adresser également aux cépages américains tels que le *Riparia* et le *Vialla* qui, à son avis, constituent jusqu'à présent les meilleurs porte-greffe, ceux ayant donné les meilleurs résultats, dans le Bordelais tout au moins.

La dépense de reconstitution s'élève en moyenne à 2,800 francs par hectare ; malgré ce chiffre élevé, on peut affirmer que dans un laps de temps qui ne peut dépasser 15 ans, les cépages américains greffés auront entièrement remplacé les cépages indigènes dans les terres à phylloxéra.

La Commission, en quittant Cadillac, s'arrêtait à Langon, puis se dirigeait sur Bazas ; dans ces deux régions, mais surtout dans la première, elle constatait cet élan significatif de reconstitution par la vigne américaine, qu'elle avait observé ailleurs. Les méthodes culturales, le système de greffage, les porte-greffe, les greffons adoptés étant les mêmes que ceux que nous avons décrits en faisant connaître par le détail notre visite à Cadillac, nous nous abstiendrons d'en parler de nouveau.

De Langon, à son retour de Bazas, la Commission, suivant la voie de Bordeaux à Toulouse, s'arrêtait à Verdun et y visitait le vignoble de M. Gautié.

VIGNOBLE GAUTIÉ

Il est situé à Verdun (canton de Verdun, arrondissement de Castelsarrazin (Tarn-et-Garonne).

Les vignes plantées à 1m75 en tous sens reposent sur un sol profond, léger, formé d'alluvions très fraîches ; presque partout on rencontre la nappe d'eau à 3m50 et à 4 mètres.

Le vignoble bien tenu a été reconstitué au moyen du *Riparia* sur lequel on a greffé des *Mourvedre*, des *Carignan*, des *Grenache* et aussi des *Alicante-Bouschet*.

Le greffage se fait, dès la deuxième année, sur boutures mises en place, à demeure ; ce mode de greffage qui se pratique en fente simple est celui adopté dans toutes les régions par les viticulteurs qui prétendent, par ce moyen, gagner une, si ce n'est deux années de récoltes. La Commission a vu, en effet, une vigne qui, à sa deuxième feuille de greffe, portait beaucoup de raisin, promettait une belle récolte ; une autre vigne plantée dans ces conditions et arrivée à sa troisième feuille de greffe, laissait espérer une récolte qui avait été évaluée de 150 à 180 hectolitres à l'hectare.

La Commission estime, néanmoins, que ce procédé de greffage sur boutures en place est défectueux en ce sens que de nombreux manquants sont constatés à la fin de la première année et que, par suite, la plantation est loin d'être uniforme. Il faut, plus tard, remplacer ces manquants dont le nombre peut s'élever jusqu'à 30 pour cent ; la plantation à demeure, faite au moyen de boutures racinées et greffées prises à la pépinière est de beaucoup préférable.

La végétation du vignoble Gautié est uniformément assez belle ; la Commission constate, cependant, qu'un carré d'environ 5 ou 6 ares fortement atteint de chlorose est sur le point de disparaître ; sur deux autres points du vignoble, elle remarque encore quelques vignes chlorosées, mais beaucoup moins que sur le premier.

M. Gautié attribue ce dépérissement à l'humidité très grande du sol sur ce point ; il a pratiqué un drainage et il pense faire disparaître ainsi cette cause d'affaiblissement de cette partie de son vignoble.

DOMAINE DU CHATEAU DE VERDUN

Tout près de Verdun, la Commission visite un beau vignoble exclusivement formé par des cépages français et âgé de 10 ans. Il est conservé, depuis 1884, au moyen du sulfure de carbone employé à l'automne ou au printemps à la dose de 180 et 200 kilos à l'hectare.

Le traitement cultural est aidé par des fumures faites tous les 2 ans à la dose de 30,000 kilos à l'hectare ; on n'emploie les engrais chimiques (potassiques, azotés et phosphatés) que lorque les fumures de ferme manquent.

En quittant Verdun, la Commission se dirige sur Toulouse où elle visite le vignoble important de M. T... de M..

Ce vignoble, d'une contenance de 20 hectares, a été planté en terrain argilo-siliceux, sur quelques points marneux.

Les lignes sont espacées de 2 mètres et les ceps de 1m80 ; l'ensemble du vignoble est presque entièrement constitué par des producteurs directs tels que *Riparia, Cornucopia, Othello, Noah, Secrétary ;* 3 hectares seulement sont constitués par des *Petit-Bouschet* greffés sur *Riparia* et promettent une récolte abondante ; ils sont âgés de 6 ans. Sur les points à sous-sol marneux que nous avons indiqués, la chlorose, très accentuée, entraîne la disparition des vignes qui y ont été plantées ; l'insuccès est complet et de l'avis du régisseur, cet insuccès s'est produit pour tous les cépages américains qu'on a voulu y placer.

Le vignoble contient encore une parcelle de vigne française atteinte par le phylloxéra depuis environ 10 ans et traitée depuis 8 ans. Elle avait résisté assez heureusement jusqu'à ce jour, mais le régisseur fait remarquer à la Commission combien elle est devenue faible ; il la considère comme complètement perdue et se propose de la faire arracher à l'automne prochain.

De Toulouse, la Comission se dirigeait sur Lesignan et de cette ville sur Talairan où elle devait visiter plus particulièrement le vignoble de M. Paul Serre.

Les vignobles de la commune de Talairan (canton de Lagrasse, arrondissement de Carcassonne) sont en grande partie reconstitués en *Aramon* et en *Petit-Bouchet* greffés sur *Riparia* et quelque peu sur *Solonis* et *Jacques ;* les plus jeunes ont 3 ans, les plus vieux 7 ans. La plantation faite à 1m75 au carré s'effectue au moyen de racinés provenant de la pépinière ; ces racinés plantés à demeure sont greffés un an après la plantation, en fente simple. Le sol est argilo-siliceux dans les parties basses, profond et fertile ; sur les points élevés la silice est remplacée par du calcaire qu'on trouve encore plus abondant dans le sous-sol.

La culture est généralement bien faite et la végétation vigoureuse si ce n'est sur les points où se trouve le calcaire ; là, elle est languissante; les vignes, surtout celles greffées sur *Riparia* sont fortement chlorosées. On les traite au moyen du sulfate de fer, déposé au pied de chaque souche à la dose de 250 à 300 grammes. Les façons culturales sont données au nombre de 4 et 5 par an ; leur prix de revient varie entre 225 et 250 francs à l'hectare ; on fume régulièrement toutes les deux années à raison de 20,000 kilos à l'hectare.

C'est à Talairan que M. Paul Serre a commencé à préconiser son engrais spécial contre le phylloxéra, en vue de la conservation des vignes françaises. La Commission a appris que deux propriétaires seulement, dans toute cette région viticole, avaient expérimenté l'engrais préconisé par M. P. Serre ; l'un de ces deux propriétaires, après avoir employé cet engrais pendant 6 ans, a constaté que le résultat qu'il obtenait était insuffisant et s'est décidé à arracher sa vigne.

Le prix du traitement par souche est évalué de 7 à 10 centimes, soit à l'hectare, pour 3,200 souches, 224 à 320 francs.

Le phylloxéra existe à Talairan depuis 1882 et nous y avons remarqué cependant 2 vignes françaises qui, sans traitement au sulfure, sans l'emploi de l'engrais recommandé par M. P. Serre, se sont conservées en assez bon état. Ce résultat est attribué à des apports annuels de terre à prédominance siliceuse descendant des coteaux à la suite de pluies d'orages et venant former une nouvelle couche arable très petite en même temps que très perméable, dans laquelle les racines se forment nombreuses et vivaces. La Commission aura l'occasion de constater sur d'autres points ce fait particulier.

La reconstitution par la vigne américaine greffée, prend, dans la commune de Talairan, une extension relativement considérable depuis que les propriétaires y ont constaté qu'une vigne plantée, en 1882, et qui était demeurée chlorosée jusqu'en 1887, avait été complètement relevée, guérie au moyen de deux traitements au sulfate de fer à raison de 300 grammes par souche, soit à l'hectare 960 kilos; la dépense pour l'achat seul du sulfate de fer et son transport sur place est évalué à **7** francs les 100 kilos, soit pour 10 quintaux : 70 francs.

Les viticulteurs de Talairan ont remarqué que les vignes greffées sur *Jacquez* sont moins sujettes à la chlorose que celles greffées sur *Riparia* ; ces dernières donnent plus de fruits.

FABREZAN, FERALS DES CORBIÈRES, SAINT-LAURENT

En quittant Talairan, la Commission parcourt les vignobles de Fabrezan, de Ferals des Corbières et de Saint-Laurent.

Partout, elle constate la reconstitution du vignoble par la vigne américaine greffée; les nouvelles plantations, dont l'âge varie de un à cinq ans, sont toutes vigoureuses.

A Fabrezan, des vignes françaises âgées de plus de vingt ans ont été conservées par la submersion jusqu'en 1890 ; depuis, ce mode de traitement ayant été abandonné, ces vignes commencent à dépérir ; on les remplace progressivement par des vignes américaines (le *Riparia* grand glabre surtout), sur lesquelles on greffe des *Aramon* des *Carignan*, des *Petit-Bouschet* et des *Alicante-Bouschet*.

De Lésignan, gare qui dessert les villages de Talairan, de Fabrezan et de Ferals des Corbières, la Commission se dirige sur Narbonne qu'elle a choisi comme centre le plus commode pour la visite des vignobles, petits et grands, de cette importante région viticole.

VIGNOBLE ARIÉ

Ce vignoble, situé près de Narbonne, a été créé en 1884 au moyen du *Riparia* grand glabre sur lequel ont été greffés, en 1886, et en fente simple, des *Aramon*, des *Petit-Bouschet* et des *Alicante-Bouschet* ; antérieurement à 1884, on avait employé le *Jacquez* comme porte-greffe et on avait dû le remplacer par le *Riparia*.

La plantation est faite au carré à 1m75 ; le sol, profond, caillouteux, ferrugineux, dépourvu de calcaire, a été défoncé à 0m60 pour la plantation.

La végétation, dans le vignoble tout entier, est vigoureuse ; la récolte promet d'être abondante, le propriétaire
l'évalue à cent hectolitres environ par hectare.

Les frais de culture sont comptés à raison de 800 fr.
par hectare y compris 200 fr. de fumure.

VIGNOBLES ANDRIEUX, CROS

Ces deux vignobles très âgés (25 à 30 ans) sont conservés depuis 10 ans, malgré la présence du phylloxéra,
au moyen de la submersion et de fortes fumures ; toutes
deux présentent une belle végétation et promettent une
abondante récolte.

VIGNOBLE COMBES

Ce vignoble est à signaler parceque, placé en pleine
phylloxérière, il s'est conservé depuis 10 ans, relativement
vigoureux, grâce à la nature entièrement siliceuse du sol
dans lequel il est planté.

VIGNOBLE HAURO

Le vignoble de M. Hauro est âgé de 7 ans ; il a été
planté en *Riparia* en 1885 et greffé, en 1887, en *Carignan*.

Le sol est argilo-siliceux, il paraît contenir également
du calcaire ; l'état de la végétation du vignoble est généralement bon, vigoureux. La Commission remarque cependant, sur cinq points divers, de petites taches de chlorose.
M. Hauro affirme que ces taches ont été beaucoup plus
nombreuses et qu'elles deviennent de moins en moins
intenses, de moins en moins nombreuses à mesure que le
vignoble prend de l'âge.

VIGNOBLE COUARDE

M. Couarde a replanté, en 1888, pour expérimentation,
complétement en cépages français, un vignoble de 5 hectares.

Cette plantation dépérissant sensiblement, il reconstitue actuellement en employant le *Riparia* greffé en *Aramon*, *Petit-Bouchet* et *Alicante-Bouschet*.

Le mode de plantation adopté consiste à greffer en pépinière ; les plants racinés et greffés sont placés à demeure la 3ᵉ année.

DOMAINE DE LASPORTES. — M. RUSTAU.

Ce vignoble récoltait encore, en 1882, 1,200 hectolitres et 650 en 1884 ; cette production, en 1885, tombait à 18 hectolitres.

Actuellement les 20 hectares qui le constituaient sont entièrement replantés en *Rupestris*, *Jacquez* et *Riparia* greffés en *Aramon* et *Alicante-Bouschet*.

Le sol sur lequel repose cette plantation est placé en côteau un peu maigre, à sous-sol argileux.

Le plus grand nombre des *Jacquez* se montrent chlorosés ; les *Riparia* et les *Rupestris* résistent mieux, mais d'une façon générale le vignoble entier présente de nombreuses tâches de chlorose dont la cause échappe complètement au propriétaire.

Des essais de plantation ont été faits avec cépages hybrides dont la reprise est très difficile ; ceux qui ont développé leurs racines et ont pu résister au phylloxéra ne présentent aucune trace de chlorose.

VIGNOBLE BAISSET
(Président du Tribunal de Commerce à Narbonne)

Ce vignoble situé à Coursan est divisé en deux parties bien distinctes : une première partie submergée et une deuxième non submergée. Dans la première où les plants français ont été conservés, la récolte promet d'être abondante et la végétation y est splendide ; dans la deuxième, complantée sans ordre bien défini en *Jacquez* et en *Riparia*, on constate un fait très particulier ; dans une première partie de cette plantation les *Riparia* sont chlorosés et les *Jacquez* très vigoureux ; dans une deuxième partie, ce sont au contraire les *Jacquez* qui sont chlorosés alors que les *Riparia* présentent une très belle végétation. La nature du sol et du sous-sol d'après M. Baisset serait identiquement la même sur la parcelle tout entière.

DOMAINE JULES MARC A NISSAN

La Commission en arrivant à Nissan y était accueillie avec la plus grande cordialité par M. Carbon auquel elle adresse ici ses meilleurs remerciements.

Ce domaine très important comprend 3 vignobles bien distincts : l'un est exclusivement composé de vignes françaises conservées au moyen des traitements culturaux au sulfure de carbone ; les 2 autres sont constitués par des *Aramon*, des *Carignan*, des *Alicante-Bouschet*, et des *Petit-Bouschet* greffés sur *Riparia* grand glabre ; l'un d'eux a 5 ans, l'autre 8 ans ; tous deux reposent sur un terrain d'alluvion argilo-siliceux à prédominance siliceuse ; la végétation d'une façon générale est belle, puissante ; on remarque cependant sur 2 ou 3 points des traces de chlorose ; la récolte promet d'être belle.

La vigne française traitée au sulfure de carbone est conservée par ce moyen depuis 12 ans ; la dose du liquide employé est de 200 kilogr. à l'hectare ; le traitement est fait chaque année à l'automne alors que le terrain n'est pas trop mouillé, en même temps que très perméable. Le travail est confié à 5 ouvriers payés à raison chacun de 3 fr. et qui, dans la journée, le plus souvent, arrivent à traiter un hectare ; on n'estime pas à plus de 125 fr. le prix de revient du traitement à l'hectare.

Les vignes ainsi traitées reçoivent également tous les 2 ans une fumure aux tourteaux d'arachides valant 10 fr. les 100 kilogr. ; ces tourteaux sont mélangés à des déchets de chiffons et de tanneries.

En outre de ces fumures, on emploie un engrais chimique composé de nitrate de potasse, de superphosphate d'os et de plâtre ; cet engrais déposé au pied de chaque souche, à la dose de 300 grammes revient à 8 centimes par souche, soit pour un hectare planté à 1 m. 75 au carré et renfermant 3,533 pieds : 266 fr. 64. M. Jules Marc estime que ces fumures et l'application de ces engrais sont indispensables pour permettre à la vigne phylloxérée de donner un produit rémunérateur.

M. Jules Marc, de même que tous les propriétaires de la contrée estime à 2,200 et 2,500 francs le prix de la reconstitution d'un hectare de vigne américaine greffée, et son entretien jusqu'à la troisième année, moment où elle peut commencer à donner un certain produit ; les frais d'entretien, alors que le vignoble est reconstitué, varient entre 500 et 700 fr., frais de fumure compris. Les défoncements sont côtés 225 à 250 fr. l'hectare, à la charrue ; 250 à 300 fr. au crochet ; la plantation à 100 fr. ; l'achat des boutures à 160 fr. ; le greffage à 90 et 100 fr. ; 5 labours à 200 fr. ; à tous ces frais il faut encore ajouter ceux de fumure qui varient entre 400 et 600 fr. et enfin les frais d'un buttage tout à fait indispensable après le greffage.

VIGNOBLES SIGNOL CHARLES ET ACHILLE ESCANDRE

Ces vignobles en *Aramon, Petit-Bouchet* et *Alicante-Bouschet* greffés sur *Riparia* et âgés de 15 ans, sont remarquables par la puissance de leur végétation complètement indemne de chlorose ; leur rendement à l'hectare s'élèvera, selon toutes probabilités, à 200 hectolitres ; ils reposent tous deux sur un terrain argilo-siliceux profond.

VIGNOBLE CARBON

Le vignoble de M. Carbon est constitué par le cépage américain le *Jacquez* greffé en *Aramon*. Il est surtout intéressant par ce fait que quoique âgé de plus de 16 ans, il présente une vigueur remarquable ; on estime qu'il produira cette année environ 200 hectolitres à l'hectare.

En quittant Narbonne et ses environs, la Commission se rendait directement à Perpignan, centre très important d'une reconstitution en vigne américaine déjà très avancée. Elle y était aidée dans sa mission de la façon la plus cordiale et la plus instructive, d'abord par M. Sabaté, médecin-vétérinaire départemental et, en dernier lieu, par M. Ferrer, pharmacien et président de la Société d'agriculture de Perpignan.

Le village de Cabastanet qu'elle visita tout d'abord est situé à environ cinq kilomètres de Perpignan. Le phylloxéra y a été constaté officiellement, pour la première fois, en 1879 ; on lui opposa des traitements au sulfure de carbone jusqu'à 1885, époque à laquelle on les abandonna en raison de nombreux insuccès dus à la compacité du terrain, à son imperméabilité. A partir de ce moment, on commença à reconstituer le vignoble en s'adressant à la vigne américaine; le porte-greffe choisi fut presque partout le *Riparia*. Les *Aramon*, les *Petit-Bouschet*, les *Carignan*, et les *Mataro* furent conservés comme greffons; le succès a été presque partout complet. La Commission a pu le constater dans tous les vignobles qu'elle a visités, vignobles dans lesquels elle n'a pas remarqué de chlorose.

Dans la grande majorité des cas, et surtout à la période de début, la reconstitution s'est faite par la plantation à demeure du cépage américain sur lequel on greffait l'année suivante le plant français; cette méthode a été depuis abandonnée en grande partie, à cause de la fréquence de la non soudure de nombreuses greffes rendant la plantation irrégulière et obligeant à des remplacements à production naturellement plus tardive.

Les vignobles de MM. Faure Louis et Michel et de leur beau-frère M. Doriola ont été plus particulièrement visités par la Commission; ces Messieurs ont tout d'abord traité leurs vignobles par le sulfure de carbone; ce traitement donné à l'entreprise leur coûtait 150 fr. l'hectare; mais le dépérissement continuant à s'accentuer, les rendements baissant en même temps que le degré alcoolique des vins récoltés, ils se décidèrent à reconstituer en prenant le *Riparia* comme porte-greffe et les *Alicante*, les *Aramon* et les *Alicante-Bouschet* comme greffons.

Ces vignobles, actuellement âgés de 7, 8 et 9 ans, sont très vigoureux; on n'y remarque aucune trace de chlorose. En 1890, M. Doriola a récolté sur 7 hectares 20 ares 104,000 kilos de raisins qui ont été vendus 20,000 fr.; actuellement on offre à 15 fr. les 100 kilos des raisins cueillis sur pied par l'acheteur. La moyenne de la production chez MM. Faure, depuis cinq ans, s'est élevée à 80 et 90 hectolitres par hectare; le vin récolté est vendu une moyenne de 20 fr. l'hectolitre.

MM. Faure plantent à une profondeur de 0^m35 à 0^m40; ils estiment à 2,500 fr. au minimum la dépense nécessitée par la plantation d'un hectare de vigne américaine greffée: défoncement, achat des boutures simples, journées du greffeur, plantation, buttage, façons culturales, fumures et entretien pendant deux années, l'année de pépinière n'étant pas comprise.

Le nombre de façons à donner au vignoble n'est pas compté ; alors que 2 ou 3 façons suffisaient à la vigne française, on en donne au moins 5 à la vigne greffée sur américain ; mais, il faut le reconnaître, la vigne ainsi traitée donne plus de rendement, est plus précoce dans sa production et la qualité du vin est au moins aussi bonne.

MM. Faure estiment que dans un terrain comme celui de Stora, dont on leur fait connaître la nature, il faudrait au moins 3 ou 4 façons. Ils ont employé, à un moment donné, le *Rupestris*, parce que son bois, plus dur, n'était pas entamé, comme celui du *Riparia*, par le ver blanc (larve du hanneton).

Les fumures sont employées toutes les années et à doses de 8,000 à 10,000 kilos par hectare ; les fumiers frais de ferme pris pendant tout le cours de l'année sont payés à raison de 5 fr. la tonne ; les détritus, les boues, les balayures de rues sont payés 10 fr. la tonne et les fumiers de moutons jusqu'à 15 fr. la tonne. On préfère de beaucoup, aux grosses fumures appliquées seulement tous les trois ans, les petites fumures répétées toutes les années ; les engrais azotés, potassiques et phosphatés commencent à être employés.

En quittant les vignobles de MM. Faure et Doriola, la Commission visite d'abord celui de M. Fauxonnet (Justin) et en deuxième lieu celui de Mme Ve Carbonnel. Le premier est âgé de 12 ans ; il a été reconstitué en *Riparia* sur lequel ont été greffés des *Alicante-Bouschet,* des *Alicante* et des *Mourvèdre*. Très vigoureux, sans points faiblissants, il a rapporté, en 1891, 168 hectolitres à l'hectare d'un vin qui a été vendu une partie à 18 fr. et l'autre à 20 fr.

Le vignoble de Mme Ve Carbonnel est seulement âgé de 8 ans ; il a été également créé au moyen du *Riparia* greffé en *Alicante, Carignan* et *Aramon*. Il ne présente pas de dépérissements, de points faibles, chlorotiques.

Le sol de la commune de Cabestanet est argilo-siliceux avec sous-sol de même nature, très friable et de bonne qualité.

Avant de rentrer au village, la Commission visite en dernier lieu un vignoble traité par la submersion et appartenant à M. Carrère (Théodore). Ce vignoble, complètement en vignes françaises *(Aramon, Mourvèdres, Alicante* et *Carignan),* est âgé de 17 ans ; il est en bon état et présente une très belle végétation.

En rentrant à Perpignan, la Commission parcourt le vignoble de M. Danjou. Ce vignoble, reconstitué en *Carignan*, *Alicante*, *Alicante-Bouschet* et *Aramon* greffés sur *Riparia*, est âgé de 12 ans ; sa végétation est remarquable ; les souches sont chargées de fruits ; le rendement atteindra certainement 180 hectolitres à l'hectare.

VIGNOBLE SABARDEILLE (PIERRE), AU PONT DE LA CAVE

Ce vignoble, situé à 3 kilomètres N.-O. de Perpignan, est entièrement constitué par des vignes françaises âgées de 12 et 13 ans ; les cépages prédominants sont l'*Aramon* et le *Carignan*.

Traité de 1886 à 1889 au sulfure de carbone, il a été depuis simplement fumé abondamment chaque année. La vigne est néanmoins vigoureuse, chargée de fruits, ne marquant aucun affaiblissement ; cet état pourrait paraître anormal, si on ne se rendait compte, comme l'a fait la Commission et comme le lui a indiqué d'ailleurs M. Sabardeille, que le sol de ce vignoble est presque entièrement siliceux et que chaque année, cette partie de la propriété est complètement submergée à deux et trois reprises différentes. Cette submersion est produite par les débordements d'une rivière bordant la propriété à l'Est et amenant une grande quantité de limon qui se dépose alors que les eaux se retirent. Ainsi est expliquée, tout naturellement, la conservation de ce magnifique vignoble de trois hectares, malgré la cessation des traitements au sulfure de carbone.

M. Sabardeille évalue à 150 hectolitres à l'hectare la moyenne de la production de sa vigne.

Il a remarqué que l'application du traitement au sulfure de carbone diminuait très sensiblement le degré alcoolique des vins obtenus, alors que les vignes américaines greffées en *Alicante* et *Carignan* donnent souvent, à 5 ans, des vins pesant 13 degrés.

M. Sabardeille montre en dernier lieu à la Commission deux autres vignobles âgés de 6, 7 et 8 ans, tous deux reconstitués en *Riparia* sur lesquels ont été greffés des *Aramon*, des *Carignan* et des *Alicante*. Ces deux vignobles présentent une très belle végétation et beaucoup de fruits ; on n'y voit pas de taches chlorotiques. Le sol sur lequel ils reposent est argilo-siliceux, avec prédominance siliceuse. (Sortie de Perpignan, route de Cabastanet).

VIGNOBLE DE M. FERRER

Président de la Société d'Agriculture de Perpignan. — Route de Saurès.

Le vignoble de M. Ferrer est constitué par des cépages français ; phylloxéré depuis 1885, il est conservé grâce à des traitements culturaux au sulfure de carbone. Le sol sur lequel il repose se prête très bien à ce traitement ; il est en effet argilo-siliceux, à prédominance siliceuse, mêlé de cailloux roulés, très perméable et par suite, permet une diffusion très facile au sulfure de carbone employé.

M. Ferrer estime à 200 fr. par hectare le prix de ce traitement, qui n'est appliqué qu'une fois par an et à la dose de 200 kilogr, quelle que soit la saison, l'été aussi bien que l'hiver, à la condition que le sol soit bien ressuyé et perméable.

A gauche et à droite de la vigne de M. Ferrer s'en trouvent 2 autres qui, non traitées, dépérissent rapidement, tandis qu'un peu plus loin et sur le même plan se détachent très vigoureuses, d'un beau vert, les vignes sulfurées appartenant à M. Deït, Président de la Chambre de Commerce de Perpignan. Ces vignes sont traitées depuis 1885, et quoique âgées de 20 ans environ, sont remarquables par leur végétation et leur production.

M. Ferrer n'est pas seulement propriétaire de vignes sulfurées, il a également des vignes américaines greffées ; pendant très longtemps il a cru que le salut de la viticulture française consistait exclusivement dans l'emploi du sulfure de carbone ; il a été officiellement chargé de traitements culturaux devant prouver leur efficacité, cette efficacité est prouvée au moins pour certains terrains perméables et à la condition de fumures abondantes et répétées.

Mais il a dû reconnaître aussi, instruit par l'expérience, que la reconstitution par les plants américains greffés s'imposait et que ceux-ci donnaient d'excellents résultats. La plantation sur cépages américains (dans la région le *Riparia*) augmente la précocité et la quantité sans nuire à la qualité. Cette augmentation de quantité n'est pas d'ailleurs, comme certains pourraient le croire, le fait du plant américain, mais bien le résultat d'une meilleure culture, de façons plus nombreuses, de fumures plus abondantes. Et ces façons culturales doivent être faites sans interruption, toutes les fois qu'elles sont possibles ; les fumures doivent être abondantes, pendant les premières années surtout.

D'après M. Ferrer, la plantation d'un hectare de terre en vigne américaine greffée et parvenue à sa 3ᵉ feuille, reviendrait au minimum à 2,500 fr. C'est en raison de ce prix élevé de reconstitution qu'il y a intérêt à conserver les vignes françaises, toutes les fois que le traitement, par la nature du sol est avantageusement possible et que les conditions économiques sont favorables ; on peut de cette façon procéder plus facilement à la reconstitution.

On renonce actuellement sur bien despoints du Roussillon à employer comme greffons les *Alicante-Bouschet* et les *Petit-Bouschet* qui, tous deux semblent dépérir, se transformer : partout ou presque partout on greffe sur *Riparia*, des *Grenache*, des *Carignan*, des *Mataro* (Mourvèdre) ; à Banyuls, on a reconstitué en *Alicante* greffé sur *Riparia* ; à Rivesaltes, au contraire, on a utilisé l'*Aramon*.

La Commission en quittant Perpignan, se dirigeait sur Béziers et de cette ville sur Montpellier. Au cours de ce voyage, elle visitait plusieurs vignobles à Magalas et à Saint-Pons. Dans le premier de ces centres, c'est principalement à l'obligeance de M. Sabardès, médecin-vétérinaire, qu'elle a pu visiter dans les conditions les plus agréables les vignobles indiqués ci-après :

Malagas, (canton de Roujan, arrondissement de Béziers.)

Magalas est une des communes qui, les premières dans le Midi, ont essayé la reconstitution de leur vignoble par les cépages américains ; aujourd'hui l'œuvre entreprise il y a 18 ans est presque terminée et le vignoble presque entièrement reconstitué.

Toutes les plantations, en général, sont faites au moyen de racinés venus en pépinière que l'on greffe alors qu'ils ont un an de plantation à demeure. La greffe est faite en fente simple ; cependant, certains propriétaires, comme M. Louis Durand, par exemple, conviennent que la greffe en fente anglaise est préférable ; la difficulté du mode opératoire est seule cause qu'elle est peu employée dans le pays ; on ne greffe pas sur table. Bon nombre de propriétaires commencent à ne planter que des boutures racinées et greffées ; c'est de l'avis de tous, la méthode la plus dispendieuse peut-être, mais celle donnant, à coup sûr, les meilleurs résultats.

Dans toute la région, c'est le *Riparia grand glabre* qui est utilisé comme porte-greffe ; les 1,000 boutures simples, non racinées, se vendent de 60 à 80 fr. ; les racinés et greffés valent de 230 fr. à 250 fr. le 1,000.

La Commission remarque d'abord une vigne française phylloxérée conservée depuis 1877 sans traitement spécial au sulfure de carbone ou au sulfo-carbonate de potassium ; cette conservation s'explique par le fait d'un apport annuel de terres dans la vigne, terres très riches, descendant avec les orages des sommets voisins et jouant le rôle d'engrais, de composts, dans lesquels se forment constamment de nouvelles racines permettant à la vigne de végéter.

Cette vigne appartient à *M. Marc Dieudonné.*

Plus loin, la Commission visite une vigne âgée de 11 ans, en *Aramon* greffé sur *Riparia*, vigoureuse, chargée de fruits et non chlorosée. Elle appartient à *M. Boyer.*

A côté, se trouve le vignoble de *M. Abal ;* reconstitué en *Petit-Bouschet* greffés sur *Jacquez,* il est âgé de huit ans et sa végétation est assez bonne.

Les viticulteurs de Magalas estiment que tout en s'accommodant bien du *Petit-Bouschet* comme greffon, le *Jacquez* est cependant faible comme porte-greffe.

Voisin du vignoble de M. Abal, se trouve une petite parcelle de 50 ares, constituée par des *Petit-Bouschet* greffés sur *Clinton.* On y remarque de nombreux points dépérissants, alors que tout à côté, un vignoble de cinq ans, greffé sur *Riparia* et appartenant à *M. Aurillac,* est très vigoureux, présente une belle végétation et porte beaucoup de fruits.

Le vignoble de *M. Durand,* qui suit le précédent, a été reconstitué au moyen d'*Alicante-Bouschet* greffés sur *Riparia grand glabre* et par boutures racinées et greffées venues en pépinière ; il est d'une très belle venue, très régulier et chargé de fruits ; il a 4 ans de greffe, soit 6 ans de plantation.

M. Durand pratique la ·greffe en fente simple au commencement d'avril ; il pense qu'en Algérie, il conviendrait de greffer au plus tard le 15 mars, tout au moins sur le littoral. Le *Raphia* est seul employé comme ligature. On compte avec le *Riparia grand glabre* 60 à 80 pour 100 de reprise de bouture et 80 à 90 pour 100 de soudure de greffe (fente simple).

La Commission remarque que, contrairement à ce qui se passe en Algérie, les *Petit-Bouschet* ont été très atteints par le mildew.

M. Durand estime à 2,200 ou 2,500 fr. au minimum la

dépense entraînée par la plantation d'un hectare de vigne greffée parvenue à sa 3ᵉ année ; il compte qu'il faut au moins cinq labours par an et qu'une dépense annuelle de 200 fr. pour fumure est presque indispensable.

Il fait remarquer que dans presque toute la région, le *Jacques* a été remplacé par le *Riparia*.

Le sol de la commune de Magalas est argilo-siliceux, caillouteux sur la plupart des points, alors que sur d'autres, en petit nombre, on rencontre la chaux, mélangée en assez grande quantité à l'argile et à la silice ; sur tous ces derniers points, devenant d'autant plus nombreux qu'on s'éloigne de Magalas, dans la direction de Puy-Salicon, la vigne qu'on y rencontre est peu vigoureuse, chlorotique, et il n'est possible de la soutenir qu'au moyen de nombreuses fumures et d'apports de sulfate de fer à raison de 250 et 300 grammes par souche ; de là, une dépense qui, pour le sulfate de fer seulement, est évaluée à 55 fr. et 60 fr. l'hectare dans les vignes plantées à 1ᵐ75 au carré.

De Magalas, la Commission se rend à Puy-Salicon où elle visite l'importante propriété de M. Vedrines dans laquelle ont été commencés les premiers essais de reconsti-tion du vignoble au moyen de cépages importés d'Améri-que ; ces essais, cette reconstitution datent de 1879 ; les vignes y ont, par suite, presque toutes de 12 à 13 ans. Les vignes sont constituées par des *Carignan*, des *Ara-mon*, des *Grenache*, des *Petit-Bouschet*, greffés pour la plupart sur *Riparia*, quelques unes sur *Clinton*, sur *Taylor*, d'autres sur *Jacquez* et enfin un petit nombre sur *York-Madeïra*. Le *Riparia* et le *York-Madeïra* ont, de tous ces cépages, donné les meilleurs résultats. La Commission constate, qu'au point de soudure, la dispro-portion entre le porte-greffe (*York-Madeïra* et le greffon (*Aramon*) est beaucoup moindre qu'avec le *Jacquez* et le *Riparia* surtout.

Dans une jeune plantation de 5 ans, M. Vedrines fait remarquer que dans les *Alicante-Bouschet*, les ceps à sarments étalés, greffés sur *Riparia* sont beaucoup plus productifs que ceux à sarments érigés ; ces derniers doi-vent donc, par une sélection prudente, être rigoureuse-ment écartés.

M. Vedrines montre également à la Commission des *As-piran-Bouschet* greffés sur *Riparia*, dont le jus très foncé est beaucoup mieux apprécié par les acheteurs que

celui de l'*Alicante-Bouschet*, parce qu'il est plus alcoolique et que d'autre part, il ne se décompose pas, ne jaunit
pas.

Ce propriétaire a été très prudent pendant 7 ans au
point de vue de la reconstitution par les cépages américains ; il a beaucoup essayé et les résultats de ses essais
lui ayant été favorables, il augmente chaque année l'étendue de son vignoble. Au moment où il nous a fait l'honneur de nous recevoir, il faisait défoncer une dizaine d'hectares destinés à être plantés en racinés greffés, au printemps 1893.

Les vins de Magalas sont vendus de 12 à 15 fr. suivant
qualité ; la production varie de 100 à 120 hectolitres par
hectare à la quatrième feuille de plantation.

SAINT-PONS

VIGNOBLE SIGÉ LOUIS

Ce vignoble de 4 hectares en coteaux schisteux est âgé
de 4, 5 et 6 ans ; il est constitué par des *Carignan*, des
Alicante-Bouschet et des *Clairette*, greffés partie sur *Riparia*, partie sur *Jacquez*, ces derniers moins vigoureux
que les *Riparia* qui donnent également beaucoup plus de
fruits.

Sur une faible partie du vignoble, placée en terrain dont
le sous-sol est fortement argileux, on remarque quelques
taches de chlorose.

De l'avis de M. Sigé, le *Riparia* comme porte-greffe
est de beaucoup préférable à tous les autres cépages
américains à la condition cependant que le sol ne renferme
pas trop de calcaire.

Il évalue à 2,800 et 3,000 francs les frais de reconstitution d'un hectare de vigne américaine greffée, parvenue
à sa troisième feuille de greffe.

VIGNOBLE THIBAUT

Ce vignoble, d'une contenance de 15 hectares, est âgé
de 4, 5, 6 et 7 ans et placé en coteaux schisteux. Il a été
constitué au moyen de *Carignan*, *Alicante-Bouschet*,
Clairette greffés sur *Riparia* et *Jacquez*. Là encore, le

Riparia comme porte-greffe, donne de meilleurs résultats que le *Jacques*.

M. Thibaut tente depuis 4 ans une expérience qui ne peut être donnée encore comme exemple. Il a planté dans 2 hectares environ, des lignes alternant de cépages français et de cépages américains ; ces derniers ont été greffés avec les mêmes cépages français producteurs directs et qui sont des *Aramon*, des *Alicante-Bouschet*, des *Petit-Bouschet*.

Depuis 4 ans que cette expérimentation dure, vignes française et américaine greffée présentent la même vigueur et donnent une égale quantité de raisin.

Cette parcelle reçoit, toutes les deux années, une forte fumure estimée à environ 30,000 kilos à l'hectare.

En quittant Saint-Pons, la Commission se rend directement à Montpellier. Elle y visite d'abord l'École nationale d'agriculture, dont la viticulture présente surtout un intérêt scientifique, et ensuite, 12 vignobles, petits et grands, dont les trois principaux sont ceux de Mme Ve Saint-Pierre, M. Courty, M. Galtery (Cancel).

DOMAINE VEUVE SAINT-PIERRE (VERCHAMP)

Le vignoble du domaine Saint-Pierre est un des plus anciennement créés dans la région de Montpellier ; c'est à Saint-Pierre, l'ex-Directeur de l'École d'agriculture de Montpellier, qu'est due sa création.

Dès le début, il fut reconstitué au moyen de divers cépages américains qu'on avait surtout le désir d'étudier ; plus tard, les *Riparia* furent définitivement choisis comme le meilleur porte-greffe. Actuellement, ce cépage semble devoir être complètement abandonné pour être remplacé par le *Jacques*. Récemment, une parcelle complantée en *Riparia*, sur lequel on avait greffé des *Petit-Bouschet*, a dû être arrachée à la 3e feuille, tant elle était chlorosée ; on a remplacé par du *Jacques* qui, d'après le régisseur, M. Rochet, est à recommander bien au-dessus du *Riparia* pour tous les terrains où la chlorose est à redouter ; la Commission constate, en effet, la vigueur d'une vigne en *Aramon*, greffée sur *Jacques* et âgée de 9 ans.

Toutes les variétés de *Riparia* ont été essayées sur le

domaine Saint-Pierre et on a fini par y adopter presque exclusivement le *Jacquez* comme porte-greffe. La Commission remarque cependant que malgré l'adoption de ce cépage qui, d'après M. Rochet, s'adapterait beaucoup mieux que tout autre sur le domaine, le vignoble compte de nombreux points chlorosés.

Le sol du domaine Saint-Pierre est de qualité inférieure, peu profond, reposant en de nombreux points sur un sous-sol tuffeux, calcaire ; c'est probablement à cette nature si défavorable du sol et du sous-sol qu'il faut attribuer les insuccès marqués et répétés que donne la culture de la vigne américaine à Saint-Pierre.

D'après M. Rochet, le *Riparia* donne plus de fruits que le *Jacquez* jusqu'à l'âge de 6 ans, mais à partir de cet âge, voit sa production diminuer, dépérit et finit par mourir.

D'autre part, le *Jacquez* donne une souche plus droite, mieux tenue, et la disproportion entre le porte-greffe et le greffon est beaucoup moins grande qu'avec le *Riparia* ; ces derniers faits, déjà constatés par la Commission au cours de ses visites précédentes, l'ont été de nouveau à Saint-Pierre.

La greffe, en fente simple, est faite très haute ; on évite, par ce moyen, le développement des racines du greffon, mais on est obligé d'avoir recours à un piquetage soutenant le jeune plant greffé.

Des vignes en *Aramon*, greffées sur *Jacquez*, ont dû être traitées au sulfure de carbone, les racines du greffon s'étant développées outre mesure, par suite d'un greffage trop bas et aussi parce que l'on n'avait pas pris la précaution d'enlever à temps ces racines.

Le *Jacquez* est beaucoup plus sensible au péronospora que les autres cépages américains habituellement cultivés.

M. Rochet estime à 3,000 fr. à l'hectare les frais de plantation d'un vignoble en américain greffé, et à 800 fr. par an, la somme nécessaire à l'entretien de cet hectare.

Le vignoble Saint-Pierre est fumé tous les deux ans, à raison de 25,000 kilogr. de fumier, payé à raison de 2 fr. les 100 kilogr. transport et déchet compris, soit 500 fr. de fumure toutes les deux années et 250 fr. par an.

La Commission examine en dernier lieu une plantation de 3 ans, faite en *Cinsaut* greffés sur *Jacquez* et très vigoureuse ; elle constate enfin, une fois de plus, tous les

avantages que présente une plantation établie au moyen
de racinés greffés.

SAINT-GEORGES. — DOMAINE COURTY

Le but que se proposait la Commission en se rendant
chez M. Courty, à Saint-Georges, était surtout de constater les résultats obtenus dans les plantations faites en terrains secs, rocailleux et peu fertiles au moyen du cépage
le *Rupestris*.

Elle a pu examiner tout à la fois des vignes greffées sur
Rupestris et surtout des pépinières de *Rupestris* appartenant au groupe des Fort-Worth, dans lequel les variétés sélectionnées, dites Saint-Georges, seraient d'après
M. Courty, préférables, supérieures aux variétés Ganzin
et Metallica. Encore, toujours d'après M. Courty, les variétés à sarments érigés et à coloration rouge, seraient
meilleures et plus résistantes à la chlorose que celles à sarments étalés et à coloration jaune pâle.

Les pépinières examinées, soit dans les parties basses
(à gauche de la route), soit sur les hauteurs de Saint-Georges, sont en très bon état, ne présentent pas d'affaissement;
quelques souches âgées de 3 ans (4° feuille) ont un volume
tellement fort qu'on les supposerait être arrivées à leur
6° et 7° feuille.

La Commission a examiné un vignoble reconstitué en
Ruspestris greffé en *Aramon* âgé de 4 ans seulement, de
belle venue et vigoureux; la disproportion à cet âge, entre le porte-greffe et le greffon n'est pas très grande.

D'après M. Courty la fructification de l'*Aramon* greffé
sur *Rupestris* se ferait plus régulièrement que sur le *Riparia* et le *Jacquez*.

La Commission aurait surtout désiré voir des *Rupestris*
greffés en coteaux; il ne lui en a pas été montré.

M. Courty lui signale un hybride particulier d'*Aramon-
Rupestris* Ganzin, à sarments gros, vigoureux, qui serait
un très bon porte-greffe et réussirait, affirme-t-on, très
bien dans les terrains calcaires; sa résistance au phylloxéra n'est pas encore établie.

Le vignoble de Saint-Georges tend à se reconstituer sur
toute l'étendue de la Commune; les terres généralement
assez maigres, surtout en coteaux, commencent à y attein-

dre un prix très élevé. Il en aurait été acheté nous a-t-on
affirmé, à raison de 25,000 fr. .hectare ; le sol est de nature argilo-siliceuse, mélangé de cailloux roulés, formé
sur quelques points de grès et de schistes décomposés.

CHATEAU DE CANDILLARGUES. --- M. GALTERY

Le vignoble de Candillargues, par Mauguio, contient 260
hectares d'un seul tenant et repose sur un sol argilo-siliceux, à prédominance siliceuse, légèrement humide, qui
paraît avoir été conquis sur la mer, peu éloignée du reste ;
d'autre part, le vignoble est en partie inondé pendant 2 et 3
mois de l'hiver.

La reconstitution s'est faite au moyen du *Riparia* qui,
d'après M. Cancel, régisseur général du domaine, serait
de beaucoup préférable au *Jacques ;* M. Cancel, d'autre
part, n'est pas partisan de la greffe haute.

Les meilleures variétés de *Riparia*, toujours d'après ce
viticulteur distingué, seraient celles à grande feuille. Des
vignes de Candillargues, les unes sont âgées de 9 et 10
ans (les plus vieilles) et les plus jeunes de 4 ans. Les façons culturales sont données nombreuses, au minimum 5 ;
on évalue au moins à 600 fr. par hectare et par an, la somme dépensée sur le sol. En 1891, il a été dépensé pour
achat de fumiers qui ont été répandus, 72,000 fr. ; ces fumiers proviennent de Montpellier, de Nîmes, de Marseille ;
M. Galtery en fait venir même de Rhodez.

M. Cancel estime que l'opération pour être fructueuse
doit donner par an (pour une moyenne de 5 ans) un rendement de 180 hectolitres à l'hectare, se vendant au minimum 14 fr. l'hectolitre ; au-dessous de ces chiffres, étant
données les exigences de la culture de la vigne américaine,
les impositions, la cherté de la main-d'œuvre, il est difficile au viticulteur de faire honneur à ses affaires.

La chlorose est le grand danger pour la reconstitution.
La Commission, en se rendant à Candillargues a parcouru
de nombreux vignobles (Montferrier, Castries, au Mas de
Plaine (commune de Mauguio) très sérieusement atteints
par la chlorose ; elle a constaté le même fait au Mas de
la Massanne (commune de Baillargues) à Saint-Géniès des
Mourques, à Saint-Christol. Partout, sur ces divers points,
les vignes sont dépérissantes, quelques-unes sur le point
de disparaître. La Commission, sur nul autre point, pen-

dant son voyage d'études, si ce n'est un peu à Talairan, n'a constaté autant de cas de chlorose.

M. Cancel les attribue non seulement à la prédominance du calcaire dans le sol, mais aussi aux mauvais soins donnés aux vignes, à un mauvais mode de greffage, au manque de fumures ; d'après lui, une grande partie de ces vignes est destinée à succomber dans un bref délai et on peut considérer, dès aujourd'hui, comme devant fatalement disparaître, par le fait de la chlorose, un dixième des vignes plantées dans le département de l'Hérault.

Il estime à 2,500 et 2,800 fr. la somme nécessaire pour la reconstitution d'un hectare en vigne américaine greffée.

La greffe, à Candillargues 'est toujours faite en fente simple et la plantation au moyen de racinés greffés.

Le nombre de pieds à l'hectare s'élève à 4,400 ; les cépages dominants sont l'*Aramon*, le *Carignan*, le *Petit-Bouschet* et l'*Alicante-Bouschet*.

La cave de M. Gallery mesure 135 mètres de longueur et contient 114 foudres d'une contenance de 300 à 320 hectolitres chacun ; le chiffre du personnel employé à la vendange s'élève à 520 pendant 20 jours ; les vendangeurs sont payés à raison de 3 fr. 50 et 4 fr. par jour ; les vendangeuses 2 fr. et 2 fr. 50.

SAINT-GÉLY DU FESCQ

La Commission y visite chez M. Cancel, un vignoble en *Aramon* et *Carignan* greffé sur *Riparia* et âgé de 16 ans ; ce vignoble est beau, vigoureux et donne un rendement moyen de 140 hectolitres à l'hectare.

Le sol est argilo-siliceux, avec sous-sol très profond, argileux, mélangé de cailloux siliceux.

SAINT-JUST

En dernier lieu, la Commission visite à Saint-Just des vignobles qui, traités jusqu'en 1889 au moyen du sulfure de carbone, ont été depuis laissés sans traitements.

Ils sont aujourd'hui très dépérissants, improductifs et vont être arrachés pour être reconstitués en américains greffés.

GALLES PHYLLOXÉRIQUES

On a vu que lors de son voyage à Ecully, la Commission n'avait pu trouver de galles phylloxériques sur les feuilles des nombreuses variétés américaines qui y figurent ; à Villefranche, ces galles n'avaient pu être découvertes qu'après des recherches assez longues et seulement sur 2 cépages américains : le *Secrétary* et le *Cornucopia*.

Durant le cours de son voyage, de Lyon à Bordeaux, de Bordeaux à Montpellier, il ne lui avait pas été possible d'en constater de nouvelles.

Mais à Montpellier, dans la partie du domaine affectée aux collections de vignes américaines, il a été donné à la Commission de voir ces galles, en nombre considérable, sur une grande quantité de cépages ; des feuilles de *Riparia* en étaient littéralement couvertes. Cette dernière constatation confirme l'opinion émise par M. Pulliat, que la formation de ces galles est surtout dépendante du climat ; leur présence en nombre très élevé à Montpellier, placé sous un climat beaucoup plus chaud que celui de Lyon, permet aussi de supposer qu'elles se développeront également très nombreuses en Algérie.

VIGNOBLE DE M. ROUSSELIÉ

En quittant Montpellier, la Commission se rendait à Aimargues, canton de Vauvert (arrondissement de Nîmes), pour y visiter l'important vignoble de M. Rousselié. Elle tenait à se rendre compte, *de visu*, des résultats obtenus par ce propriétaire, sur les vignes américaines chlorosées, au moyen de la préparation sulfatée dont il est l'inventeur.

Le terrain dans lequel est planté le vignoble de M. Rousselié est argilo-siliceux, mélangé par places nombreuses de carbonate de chaux ; les plantations d'américains directs y sont relativement assez nombreuses.

La Commission examine une parcelle en *Jacquez* direct, âgée de 12 ans et vigoureuse ; cette parcelle a souffert depuis l'âge de 4 ans jusqu'à celui de 6, mais a fini par se relever complètement.

Une autre vigne en *Jacquez* direct et âgée de cinq ans

est faible, un peu arrêtée dans sa végétation. Elle sera prochainement sulfurée ; c'est là, d'après M. Rousselié, une précaution souvent indispensable dans les premières années de plantation.

Une parcelle voisine de la précédente et constituée par de l'*Aramon* greffé sur *Solonis* est très vigoureuse, chargée de fruits. Elle est âgée de 12 ans.

M. Rousselié, qui est ingénieur, a composé une bouillie noire spéciale, à base de sulfate de fer, qui, d'après lui, aurait le grand avantage de guérir les vignes atteintes de la chlorose ; il a expérimenté depuis trois ans cette médication et elle lui a toujours donné les meilleurs résultats. Elle est employée au moyen d'un pulvérisateur Vermorel qui la projette, le plus finement possible, sur toute la feuille, mais surtout à la partie supérieure ; la dose est de 10 kilos pour 100 litres d'eau et pour 1,000 souches ; le prix du traitement pour ces 1,000 souches est de 5 fr., soit, 1/2 centime par souche.

Le sulfate de fer, par une combinaison spéciale, heureusement découverte par M. Rousselié, serait facilement absorbé par la feuille et aiderait ainsi la plante tout entière à sortir de cette crise, presque toujours mortelle, produite par la chlorose. Les vignes traitées au moyen ce cette bouillie doivent être, en même temps, plus particulièrement fumées.

M. Rousselié montre à la Commission ;

1° Une vigne en *Alicante-Bouschet* greffé sur *Rupestris* qui, très chlorosée, est revenue verte, vigoureuse, à la suite du traitement. (L'*Alicante-Bouschet* se greffe très bien sur le *Rupestris* ;

2° Une vigne en *Aramon* greffé sur *Riparia* et *Solonis* qui, traitée au mois de mai dernier est complètement remise. Près de ces vignes, s'en trouve une autre appartenant à M. F..., elle est à la veille de disparaître sous la fâcheuse influence de la chlorose ; on commence à la traiter au moyen de la bouillie préparée suivant les indications de M. Rousselié et il paraît au vigneron qu'elle est moins dépérissante. La même bouillie a été expérimentée contre le péronospora, concurremment avec la bouillie bordelaise et la solution de verdet. M. Rousselié affirme que sa préparation est aussi efficace que les deux autres ; la Commission constate que les témoins conservés et les rangées traitées au moyen de ces diverses substances présentent la même vigueur.

M. Rousselié croit pouvoir affirmer le succès de la reconstitution du vignoble françois par la vigne américaine greffée, d'abord dans les terrains non calcaires, puis dans ceux calcaires, grâce à sa préparation qui permettra à la vigne de résister à la chlorose.

Il a été un des plus ardents partisans de la conservation du vignoble, au moyen du sulfure de carbone ; pendant 5 ans, il a eu recours aux traitements culturaux ; il a été chargé officiellement de les appliquer dans des parcelles d'expérimentation à l'école de Montpellier, et, en présence des insuccès nombreux qu'il rencontrait, il a dû les abandonner.

Il estime que le traitement au sulfure ne peut et ne doit s'appliquer que pour des vignobles d'une grande valeur et dans des terrains très perméables, dans lesquels la diffusion est certaine, facile ; ce traitement employé à la période de début du fléau, a encore cet avantage de permettre plus facilement, au petit propriétaire, la reconstitution, en lui conservant pendant quelque temps son vignoble françois et par suite les ressources que celui-ci lui fournit.

DOMAINE BORNE-GUILLAUME

Commune d'Aigues-Mortes. — Canton d'Aigues-Mortes. — Arrondissement de Nîmes.

En quittant Aimargues, la Commission se dirigeait sur Aigues-Mortes afin d'y visiter les vignobles plantés dans le sable.

Avant d'arriver à Aigues-Mortes, elle visitait le vignoble de M. Borne Guillaume, d'une contenance d'environ 20 hectares et dont les souches les plus vieilles ont 15 ans et les moins âgées 9 ans. Les cépages qui dominent dans ce vignoble sont l'*Aramon*, le *Carignan* et le *Grenache* ; la plantation a été faite à 1m75 au carré.

Cinq façons culturales, en moyenne, sont données pendant le cours de l'année ; ces façons culturales multiples sont indispensables, les mauvaises herbes se développant avec une rapidité et une puissance particulières dans ces terrains siliceux, humides et fortement fumés.

La végétation y est très belle, très vigoureuse. On applique la taille courte

Une fumure à raison de 25,000 kilos à l'hectare est donnée toutes les 2 années ; cette fumure est évaluée à 150 fr., le prix de la tonne de fumier étant de 6 fr.

Les frais de soufrage et de sulfatage sont relativement élevés ; on soufre jusqu'à 4 fois et on a sulfaté cette année 7 fois.

Le rendement moyen obtenu depuis 6 ans dans le vignoble de M. Borne s'élève à 100 hectolitres ; le vin récolté est vendu, suivant qualité et l'année, de 12 à 18 fr.

M. Borne estime que le plant qui réussit le mieux dans son vignoble, celui qui, en se conservant le mieux, donne encore le plus de produit, est l'*Aramon*.

DOMAINE DE JARRAS (COMPAGNIE DES SALINS DU MIDI)

La Compagnie des salins du Midi possède sur le littoral méditerranéen de vastes étendues de sable, échelonnées sur la côte, depuis le département du Var jusqu'à celui de l'Aude. Il y a 12 ans environ, la plus grande partie de ce territoire était inculte ; la vie était concentrée uniquement sur les *salines* et sur les *moulins* qui en sont les annexes. En dehors des canaux et des bassins aménagés et utilisés pour la récolte du sel, ce n'était que dunes plantées de pins ou simplement recouvertes d'une maigre végétation.

Lorsque la résistance au phylloxéra des vignes plantées dans les sables d'Aigues-Mortes eut été bien prouvée, la Compagnie n'hésita pas à mettre en culture une partie de ses dunes et à transformer en vignes ses terrains en friche.

L'exemple lui avait été donné, d'ailleurs, par de nombreux propriétaires de la région d'Aigues-Mortes, dont quelques-uns possèdent des vignobles âgés de plus de 20 ans, encore très vigoureux et rapportant en moyenne 7 muids (550 litres) par carterade (33 ares), c'est-à-dire près de 120 hectolitres à l'hectare.

Le vignoble de Jarras occupe une surface de 164 hectares ; la plantation remonte à 1883 ; elle a été faite après un nivellement et un ameublissement parfaits du sol ; les souches sont placées en carré, à 1m 50 les unes des autres ; les cépages cultivés sont : 1° l'*Aramon*, qui domine ; 2° le *Petit-Bouschet* ; 3° le *Piquepoul* ; 4° le *Cuisant* ; 5° le *Carignan*.

La plantation est divisée en une série de rectangles d'une contenance moyenne de 4 hectares, séparés les uns des autres par des sentiers sablonneux.

Parallèlement à la plus grande longueur du vignoble, 2 voies Decauville fixes, de 0m50, forment deux grandes lignes principales destinées à relier les vignes au cellier ; l'une sert pour l'aller, l'autre pour le retour.

Ces deux lignes sont réunies, au fur et à mesure des besoins, par des voies transversales mobiles qui trouvent place dans les sentiers séparant les parcelles et qui sont distants de 60 mètres environ.

Sur ce véritable réseau ferré, circulent des wagonnets à bascule pouvant contenir 1,000 kilos de vendange ; on les utilise encore pour le transport des sarments, des engrais, des poudres insecticides, des joncs ou des litières employés pour la consolidation du sol, la fixation des sables et le transport des vins.

Le vignoble de Jarras est très vigoureux, présente une belle végétation et ne montre aucun signe de dépérissement ; il est fumé toutes les trois années, à raison de 30,000 kilos à l'hectare ; ce fumier est évalué à 8 et 10 fr. la tonne ; on a employé cette année, à titre d'expérimentation, les tourteaux de sésame de la maison Léon Guis de Marseille, à raison de 250 et 500 grammes par couche. La Compagnie emploie encore ce que, dans le pays, on nomme des *paillons*, pour maintenir le sable ; ces paillons sont formés par des petites bottes de paille de marais, que l'on enfouit dans le sol au moyen d'une légère charrue spéciale. L'humidité, dans tout le vignoble n'est pas à plus de 40 centimètres au-dessous du sol ; l'eau quelquefois douce, souvent saumatre y est rencontrée facilement à 1 mètre environ de profondeur. Sur certains points, cette eau très salée a rendu le sol tout à fait improductif, et 5 hectares qui y étaient plantés sont à la veille de disparaître.

Certains points du vignoble, les plus éloignés de la maison d'exploitation, ont été fortement atteints par le péronospora et cependant 5 sulfatages avaient été donnés aux *Aramon* et 6 aux *Piquepoul* ; ces derniers ont été les plus atteints.

La cave du domaine de Jarras, mesure 135 mètres de long sur 14 mètres de largeur ; elle contient 52 foudres pour les vins rouges et 56 foudres pour les vins blancs et les vins paillés ; la capacité de ces foudres varie de 280 à 290 hectolitres.

En 1891, on a récolté sur la propriété 24,000 hectolitres, soit 147 hectolitres à l'hectare ; ce n'est pas là certainement une preuve de ce dépérissement qui avait été signalé pour les vignes plantées dans le sable.

Les vins rouges sont vendus généralement de 12 à 15 fr. l'hectolitre ; les vins paillés 18 à 22 fr. ; les vins blancs Piquepoul, 28 fr. au commerce, 40 fr. au détail.

Les opérations de la vendange ont une durée moyenne de 20 à 25 jours ; la prompte vinification de toute la récolte est assurée par l'emploi de presses hydrauliques et de pompes mues par la pression hydraulique.

Au-dessus des foudres, reposant dans le cellier, sur 4 dés en pierre et à un mètre au-dessus du sol, se trouve disposé un plancher de 2m50 de largeur qui repose directement sur les foudres ; sa longueur est celle de la travée et tous les planchers sont réunis les uns aux autres ; ils supportent des voies Decauville de 0m50 sur lesquelles roulent des wagonnets pouvant recevoir 500 kilogr. de vendange ; des plaques tournantes permettent de faire passer les wagons d'une travée dans l'autre et de les amener à un point quelconque du cellier.

La vendange est amenée au cellier par des trains de wagonnets qui culbutent leur contenu dans des fosses en ciment, au nombre de 2 ; chacune d'elle alimente une chaîne à godets, mue par une machine à vapeur ; cette chaîne élève la vendange à la partie supérieure de la salle des presses et la verse dans la trémie de deux fouloirs ; le raisin et les moûts débités par les fouloirs peuvent prendre deux directions, suivant qu'il s'agit de fabriquer du vin rouge ou au contraire du vin blanc.

Pour la fabrication du vin rouge, les fouloirs remplissent les wagonnets Decauville dont nous avons parlé, wagonnets qui sont poussés sur les voies établies au-dessus des foudres et culbutés dans ces foudres.

Pour la fabrication du vin blanc, la vendange tombe au-dessous des fouloirs dans des chambres d'égouttement au nombre de deux, dont le plancher formé de madriers placés les uns à côté des autres laisse échapper le moût dans des cuves creusées en terre et tapissées de briques vernissées ; des rigoles le conduisent aux pompes qui l'envoient à leur tour dans les foudres ; l'égouttement dure 12 à 18 heures.

Les presses hydrauliques puissantes dont nous avons parlé plus haut sont au nombre de 5 ; les paniers remplis de vendange sont poussés sous chaque presse par deux hommes ; le diamètre de ces paniers mesure 1m60. La pression a lieu en deux intervalles ; la première, la plus faible est maintenue pendant une heure ; la seconde, plus élevée, dure également une heure ; le panier pressé est roulé hors du cellier et déchargé pendant qu'un autre panier, rempli d'avance, est poussé sous la presse devenue disponible.

La Commission n'a voulu donner, dans ce rapport, qu'un aperçu sommaire sur la façon dont la vinification est conduite à Jarras ; en entrant dans de plus longs détails, elle sortirait du cadre qu'elle s'est tracé.

En terminant cependant ce qui a trait à ce vignoble important, elle doit faire connaître la manière dont la main-d'œuvre est rétribuée pendant la vendange :

Les vendangeurs sont payés à raison de 3 fr. par jour ; ils sont, en plus, nourris à la cantine du domaine, mais cette nourriture leur est comptée à raison de 1 fr. 60 par repas.

Les vendangeuses ne sont point nourries ; on les paie 2 fr. 50 par jour.

Le travail commence à 6 h. du matin, est suspendu de 11 h. à 1 h. et terminé à 6 h. du soir.

Une demi-heure le matin et une demi-heure le soir sont accordées pour le petit déjeûner et le goûter.

VIGNOBLES DE SAINT-CYR ET DE CEYRESTE

Ces vignobles sont situés dans le département du Var, à 7 kilomètres de La Ciotat et placés à droite et à gauche de la route qui conduit de Marseille à Toulon. Ils occupent une surface d'environ 150 hectares constitués par des parcelles dont l'étendue varie de 50 ares à 12 hectares.

Le plant dominant est l'*Alicante-Bouschet* greffé sur *Riparia*. On y remarque encore des *Clairette*, des *Ugni blanc*, des *Chasselas*, le *Noir de la Calmette*, des *Mourvèdre* également greffés sur *Riparia* ; alors que toutes les plantations constituées par les premiers cépages indiqués sont vigoureuses, celles constituées par des *Mourvèdre* le sont beaucoup moins, paraissent souffrir. Les propriétaires de Saint-Cyr surtout estiment que ce dernier cépage reprend difficilement, se soude mal sur le *Riparia* ; cette constatation est contraire à celle faite à Cabastanet et surtout à Totavel.

La greffe est toujours faite en fente simple.

Le sol est de nature argilo-siliceuse, composé de grès décomposés, friables ; le défoncement a été fait, sur bien des points, à une profondeur de 0m70 ; la plantation a été faite, en général, à 1m50 au carré.

Les vignobles de Ceyreste, Saint-Cyr et quelques-uns au voisinage de La Ciotat sont âgés, les plus vieux, de 13 à 14 ans, les plus jeunes, de 2 à 3 ans. C'est au moyen de racinés obtenus en pépinière que les plantations sont établies. On greffe ensuite sur place.

La reconstitution se produit lentement dans toute cette région, surtout du côté de La Ciotat ; les produits obtenus, par leur prix de vente notamment, sont cependant bien encourageants pour le viticulteur.

A La Ciotat, M. Martin a vendu une partie de ses raisins (3,000 kilos) sur pied, à raison de 28 fr. les 100 kilos et son vin pesant 11 degrés à raison de 35 fr. et même 38 fr. l'hectolitre ; ces prix sont moins élevés à Saint-Cyr et Ceyreste, mais atteignent cependant une moyenne de 18 fr. pour les raisins et de 25 fr. pour les vins.

CONCLUSIONS

Ici se termine, Messieurs, la relation des observations faites par votre Commission, l'exposé des avis qu'elle a reçus ; nous nous sommes efforcés de vous faire connaître, dans ce rapport, tous les faits qui nous ont paru les plus intéressants et de nature à vous permettre d'apprécier, de juger, en toute connaissance de cause, cette grave question de reconstitution par la vigne américaine et celle presque aussi importante des traitements culturaux.

Il nous reste maintenant à conclure sur les différents points tracés dans notre sommaire d'études, au moment du départ ; nos conclusions ne seront évidemment que le résumé des avis que nous avons recueillis, des observations que nous avons relevées, avis et observations consignés dans ce rapport.

A. — Quels sont les résultats obtenus dans la reconstitution au moyen des plants américains ?

Ces résultats nous paraissent indiscutables ; la reconstitution s'affirme dans toutes les régions viticoles parcourues par la Commission, aussi bien dans le Bordelais que dans le Narbonnais, le Bitterois, le Roussillon et peut-être mieux encore dans le Beaujolais. L'expérience paraît aujourd'hui concluante ; c'est l'avis de tous les savants viticulteurs, des hommes pratiques, des propriétaires, petits ou grands, que la Commission a consultés, et c'est également le sien, ' ·é sur l'ensemble de ses observations.

Non pas qu'elle puisse affirmer que la question soit absolument, nettement résolue dans tous ses détails et que la culture de la vigne américaine ne comportera pas encore quelques déboires, inhérents d'ailleurs à toutes les nouvelles entreprises agricoles, mais parce qu'elle croit que le principe si débattu, si controversé de la constitution par la vigne américaine ne peut plus l'être en présence des succès constatés presque partout.

Cette conclusion ne peut être infirmée par l'observation de quelques affaissements sur des points du vignoble reconstitué, par la constation de quelques insuccès sur telles ou telles plantations ; ces affaiblissements, ces insuccès s'expliquent par des conditions culturales défectueuses que tout le monde connaît ; ils étaient prévus et leur nombre, relativement restreint, constitue une sorte d'exception.

Il semble que dans ces circonstances, l'ordre des faits enregistrés veuille rappeler que, si sur certains sols, dans certaines régions, le problème est complètement résolu, il en est d'autres, au contraire, où les expérimentations nécessaires au succès sont encore à poursuivre ; le passé est pour nous un sûr garant de l'avenir ; nous sommes certains que le secret de l'adaptation de certains cépages, même dans les sols considérés aujourd'hui comme absolument réfractaires finira par être trouvé. Ce n'est qu'une question d'études, de recherches auxquelles de nombreux et dévoués viticulteurs, de savants professeurs se sont voués ; nous le répétons, nous avons l'intime conviction que le problème n'est pas loin d'être tout à fait résolu.

La confiance dans le succès par la vigne américaine est aujourd'hui absolue ; nous l'avons constatée partout et aussi forte dans le Beaujolais que dans le Midi ; partout on a paru surpris de nos doutes sur ce sujet ; il semblait à ceux que nous interrogions que cette question, depuis longtemps, ne pouvait plus être posée.

De tous les propriétaires que la Commission a vus, pas un seul ne lui a exprimé des doutes sur le succès de la reconstitution du vignoble français par le cépage américain greffé. Et, fait remarquable, tous lui ont donné, à peu de chose près, les mêmes renseignements sur la valeur des cépages, le choix des terrains, les dépenses à faire.

Cette unanimité, sur une aussi grave question, de personnes souvent séparées par de grandes distances, vivant dans des milieux tout-à-fait différents, dont les intérêts peuvent quelquefois être opposés, a frappé plus particulièrement la Commission ; elle a réagi contre cette poussée qui, à un moment donné, pouvait lui faire apprécier peut-être inexactement les faits qui se présentaient à ses yeux, et elle a été obligée de se rendre à l'évidence.

La reconstitution du vignoble français tout entier par la vigne américaine greffée n'est plus qu'une question de temps ; les résultats sont certains, indéniables et l'on peut prévoir, dès aujourd'hui, que dans 7 ou 8 ans, sur bien des points du Beaujolais, du Bordelais, du Roussillon, du Narbonnais et du Bitterois, la production vinicole y sera au moins aussi considérable qu'elle l'était il y a 20 ans.

Il est, Messieurs, un sentiment de respectueuse admiration que votre Commission n'a cessé d'éprouver pendant tout ce voyage, en présence de cette œuvre de reconstitution poursuivie avec tant de courage, d'énergie ; partout son émotion était grande devant ce spectacle lui faisant entrevoir le relèvement peu éloigné de la richesse vinicole si importante de la France ; elle est heureuse de rendre ici ce sincère hommage à cette population agricole si laborieuse, si vaillante de la Mère-Patrie, que n'ont pu abattre 20 années de misères, de ruines, succédant à celle de 1870.

B. — La reconstitution s'opère-t-elle indistinctement pour toutes les régions, dans tous les sols, quelle que soit leur nature ?

C'est surtout dans les terrains argilo-siliceux que les meilleurs résultats sont obtenus ; dans les sols franchement argileux, imperméables, la réussite est moindre, et enfin dans ceux où la chaux est en quantité élevée il ne semble pas encore bien prouvé, jusqu'à présent, que l'application du sulfate de fer, même à haute dose, puisse faire disparaître la chlorose causée par cet excès de chaux dans le sol.

Nous avons vu d'autre part que la bouillie sulfatée préconisée par M. Rousselié n'est expérimentée que depuis 3 ans.

Les cépages préconisés comme pouvant s'adapter dans les terrains calcaires, sont loin d'avoir fait leurs preuves ; le *Berlandieri* se trouve dans ces conditions et les avis exprimés à son sujet à la Commission, soit à Lyon, soit à Bordeaux, indiquent qu'il doit être absolument repoussé par la pratique viticole, même dans les terrains argilo-siliceux.

Il faut donc s'abstenir entièrement et jusqu'à nouvel ordre, de planter de la vigne américaine dans les terres où le calcaire domine ; en procédant autrement, on courrait certainement au devant d'un échec.

En partant de ce principe on peut conclure déjà que toutes ou presque toutes les terres placées sur le littoral, depuis La Calle jusqu'à Bougie, conviendraient à la culture de la vigne américaine, alors que celles placées au-dessus d'une ligne figurée passant par Duvivier, Guelma, Condé-Smendou, Mila, Kerrata, lui seraient beaucoup moins favorables parce qu'elles contiennent toutes de la chaux en quantité plus ou moins grande.

C. — Quels sont les cépages américains producteurs directs ou porte-greffe donnant les meilleurs résultats dans des conditions déterminées ?

Et, d'abord, nous devons faire connaître qu'actuellement peu de propriétaires en France ont recours au cépage américain direct pour la production du vin ; il n'est guère cultivé qu'à titre d'expérimentation ou pour la production du bois, de boutures. Nous avons vu, d'ailleurs, que le vin donné par ces cépages est toujours de qualité inférieure à goût plus ou moins foxé. Quelques viticulteurs néanmoins, nous avons eu l'occasion de le marquer dans ce rapport, cultivent la vigne américaine pour son vin et s'adressent dans ce cas, presque toujours, pour les vins rouges au *Jacquez*, à l'*Herbemont* et à l'*Othello;* pour les vins blancs, à l'*Elvira* et au *Noah*. Tous ces cépages sont loin d'être tout à fait résistants au phylloxéra et nous rappellerons qu'à Aimargues, en terrain peu fertile il est vrai, le *Jacquez* a besoin d'être soutenu, les premières années, contre le phylloxéra, par des traitements culturaux.

Quels sont les meilleurs porte-greffe ?

L'ensemble de ce rapport en indique trois principalement employés dans le Bordelais, le Beaujolais et le Midi ; ce sont : le *Vialla*, le *Riparia* et le *Jacquez*. Le premier presque exclusivement utilisé dans le Beaujolais et toute la vallée du Rhône, le *Riparia* dans le Bordelais et la plus grande partie du Narbonnais, du Bitterois et du Roussillon ; le *Jacquez* également dans ces trois dernières régions, mais cependant beaucoup moins que le *Riparia* ; on lui reproche d'abord d'être moins fructifère et aussi de se montrer moins résistant comme porte-greffe au phylloxéra ; mais, d'autre part, sa soudure avec le plant français se fait mieux et il s'accomode mieux du sol calcaire.

Le *Vialla* est un excellent porte-greffe, se soudant très-bien, mais redoutant les climats chauds et secs, de l'avis de nombreux viticulteurs.

En dehors de ces trois cépages, l'*Yorth-Madéira* est également apprécié ; il est un peu lent à se développer. La Commission a remarqué que sa soudure se faisait peu disproportionnée avec le greffon ; c'est là une bonne condition de succès pour la durée de la plante, condition que n'offre pas à un si haut degré le *Riparia* et qui est cause qu'il est moins estimé que le *Vialla* dans le Beaujolais et que le *Jacquez*, par un petit nombre de propriétaires des environs de Montpellier.

Le *Rupestris*, est encore peu utilisé comme porte-greffe. La commission ne l'a rencontré dans cet état que dans deux propriétés et en très-petit nombre. Son utilisation, de l'avis des cultivateurs compétents, semblerait devoir donner de bons résultats dans les terrains un peu secs, cailloutoux, quelques-uns ajoutent même calcaires. Le *Solonis*, comme porte-greffe, sur bien des points, en terrains un peu calcaires, a donné de bons résultats.

Hybrides. — La Commission ne croit pas devoir recommander l'usage des hybrides, même ceux cités actuellement comme ayant donné des résultats soit comme porte-greffe, soit comme producteurs directs. Elle n'a trouvé d'ailleurs, nulle part dans le domaine de la culture pratique ces hybrides entre américains ou franco-américains ; à son avis c'est la meilleure preuve qu'il convient d'attendre que l'avenir ait confirmé leurs qualités annoncées pour avoir recours à eux.

D. — Quelles sont les méthodes de greffage donnant les meilleurs résultats ?

Dans le Beaujolais, la greffe en fente anglaise et sur table est partout employée et donne d'excellents résultats.

Dans le Bordelais, le Narbonnais, le Roussillon, le Bitterois, la Haute-Garonne, le Var, on n'a recours qu'à la greffe en fente simple, sur racinés. La Commission a cependant constaté au cours de ses visites et l'a relaté dans son rapport, que bon nombre de propriétaires du Midi estiment que la greffe en fente anglaise est supérieure à celle en fente simple; c'est également l'opinion de la Commission qui pense que la greffe en fente anglaise, en augmentant les surfaces de contact entre les couches génératrices du bois du sujet et du greffon, assure mieux la reprise, facilite les échanges des matériaux réunis et détermine la formation de cicatrices allongées et peu renflées qui ne risquent pas de nuire au bon fonctionnement ultérieur de la plante.

E. — Quels sont les résultats apportés par la greffe sur la production et la qualité ?

L'avis unanime, non seulement de tous les viticulteurs, mais aussi de quelques grands courtiers en vins consultés par la Commission, est le suivant : la vigne américaine donnerait son fruit plus hativement que notre vieille vigne française ; son rendement serait plus élevé, pendant les premières années surtout; le vin produit tout en étant plus riche en alcool conserverait les qualités de finesse, de corps, de bouquet que l'on rencontre dans les vins produits par les vignes françaises encore conservées; *les courtiers ne font aucune différence entre les uns et les autres.*

F. — Visiter les vignes françaises conservées par le sulfure de carbone, le sulfo-carbonate de potassium, la submersion ; indiquer les avantages que présentent ces divers traitements ?

La Commission a pu constater, partout où elle est passée, que l'emploi de ces divers traitements est de plus en plus abandonné. Dans le Beaujolais, dans la vallée du Rhône, à Belleville, Villefranche, dans toutes ces régions où les syndicats de défense étaient très nombreux, la plantation de la vigne américaine qui comptait peu de partisans en 1885 (un des membres de la Commission a pu le constater) a remplacé presque partout le système des traitements culturaux.

Il en est de même dans le Midi où l'abandon de ces mêmes traitements est peut-être encore plus marqué.

Et cependant, on ne peut le nier, ils ont rendu et ren-

dent encore de très grands services aux propriétaires ;
l'action insecticide du sulfure de carbone est incontestable ; son emploi a permis et permet encore aux vignerons
de conserver assez longtemps leur vignoble pour leur donner la possibilité de reconstituer peu à peu en vigne américaine greffée. Aussi la Commission pense-t-elle qu'il y a
lieu d'encourager les viticulteurs des régions phylloxérées
à avoir recours aux traitements au sulfure de carbone,
partout où la nature des terres, leur perméabilité, permet
la facile diffusion de ce liquide insecticide.

Il ne peut être question pour notre département, au
moins dans l'arrondissement phylloxéré, d'employer le
sulfo-carbonate de potassium qui demande une quantité
considérable d'eau ; on ne peut davantage avoir recours à
la submersion. Le premier mode de traitement est à peu
près délaissé en France, à cause de son prix relativement
élevé ; quant au second, il n'est utilisé que là où l'on peut
disposer économiquement d'une grande quantité d'eau ;
encore, même dans ces régions, la Commission a pu le
constater, dans l'Aude, sauf à Coursan, où les vignes sub-
mergées sont magnifiques de végétation et de production,
et dans le Gard, bon nombre de vignes, autrefois submer-
gées, sont arrachées pour être remplacées par les cépages
américains greffés.

G. — Vignes plantées dans le sable.

Celles visitées par la Commission, contrairement à certaines appréciations qu'il ne lui appartient pas de juger,
sont vigoureuses, présentent une belle végétation, et donnent un rendement élevé.

La constatation de cette belle et florissante culture n'a
pas été pour la Commission une de ses moindres satis-
factions.

H. — Indiquer dans quelles conditions de prix s'effectue la re-
constitution au moyen des cépages américains.

Vous avez vu, Messieurs, que partout, cette dépense
est évaluée par les viticulteurs que la Commission a consultés, à une somme variant entre 2,200 fr., 2,500 fr. et
même 3,000 fr. l'hectare ; les frais d'entretien, partout
également, sont fixés entre 600 fr. et 800 fr. l'hectare.

La vigne américaine donne de bons résultats ; la Com-

mission en a l'intime conviction, et elle vous fait, sans
hésiter, cette déclaration parce qu'elle a vu sans partialité, sans parti pris et que dans tout le cours de la mission que vous lui avez fait l'honneur de lui confier, elle
s'est entourée de tous les renseignements nécessaires,
chez les petits comme chez les grands propriétaires ;
mais elle a aussi le devoir de vous faire connaître que si
la vigne américaine greffée donne des produits certains,
ce n'est qu'au prix de fortes dépenses, d'un travail inces-
sant, d'une main-d'œuvre habile.

Il faut au cépage américain une terre meuble que donnent seulement un bon défoncement d'abord et des façons
culturales ensuite, fréquentes, presque ininterrompues ; il
exige une nourriture abondante que peuvent lui apporter
seulement des fumures nombreuses, répétées ; l'opération de la greffe, en fente anglaise surtout, demande
une certaine habileté. Pour beaucoup de viticulteurs,
le succès de la plantation américaine réside en partie
dans le degré de perfection apporté au greffage, et c'est
pour arriver à rendre les vignerons habiles dans la pratique de cette opération, que des écoles ont été et sont encore formées dans un certain nombre de départements viticoles de France.

Toutes ces conditions indispensables pour le succès de
la vigne américaine, conditions autrement rigoureuses
que celles réclamées par nos vignes françaises, sont-elles
immédiatement réalisables dans notre département ?

C'est envisagée sous ce rapport d'économie générale
que la question se présente, difficile à résoudre, pleine de
surprises dangereuses pour le présent et peut-être aussi
pour l'avenir.

Il est aujourd'hui un sentiment que le viticulteur s'ef-
force de tenir caché au plus profond de sa pensée, qu'il
ne veut pas exprimer ouvertement, mais que l'on sent cependant, que l'on devine parce qu'il perce malgré lui dans
ce moment de malaise général au point de vue vigne,
parce qu'il existe non pas chez un, mais chez tous : c'est
celui de la désillusion et peut-être aussi du décourage-
ment.

Le cultivateur, en plantant de la vigne, avait cru à une
opération devant lui rapporter un intérêt très élevé de son
capital, devant même l'enrichir très rapidement ; il avait
compté sans les maladies cryptogamiques ou autres, sans
la baisse sur les vins, sans les influences climatériques

si ruineuses dans notre pays, sans la reconstitution du vignoble en France.

La situation actuelle est loin d'être ce qu'on la faisait espérer il y a 10 ou 12 ans, et il est bien difficile de prévoir si elle s'améliorera ou restera la même. Et en se posant cette interrogation si grave, il faut songer que la production augmente toutes les années en France et que rien ne fait présager que nos vignes seront désormais à l'abri du siroco et des sauterelles.

Dans ces conditions, la reconstitution immédiate sur de vastes étendues par la vigne américaine, avec ses prix élevés, est-elle à conseiller et doit-on, comme conséquence forcée, pousser à l'augmentation de l'étendue du vignoble, alors que les conditions économiques générales se montrent peu favorables ?

Il n'appartient pas à la Commission de se prononcer sur un point aussi délicat, mais elle estime qu'il serait prudent de s'efforcer de conserver le vignoble au moins tel qu'il est, de ne point le laisser péricliter tout d'un coup ; qu'il conviendrait de prendre toutes les dispositions nécessaires pour empêcher une crise dont les conséquences seraient désastreuses pour les fortunes particulières et publique du département.

Dans cet ordre d'idées, les viticulteurs, dans les régions atteintes, agiront sagement en s'efforçant de conserver le plus longtemps possible leurs vignobles actuels, en luttant contre le phylloxéra par tous les moyens à leur disposition.

L'exemple de ce qui s'est produit en France leur indique la marche à suivre : sur certains points, on a d'abord traité, puis reconstitué. Dans le Beaujolais, on a procédé beaucoup plus sagement, à notre avis : on a traité et reconstitué tout à la fois dans le même vignoble, mais prudemment, sagement, en employant à cette reconstitution les ressources fournies par la vieille vigne conservée au moyen du sulfure et il a semblé à la Commission que les terres de la région de Philippeville se prêteront très bien et aux traitements culturaux et à la reconstitution qui ne devra être faite que sur les points où la conservation par le sulfure de carbone aura été jugée impossible.

Ce n'est que de cette façon, c'est-à-dire en traitant et en reconstituant par des plantations partielles, successives, demandant moins d'efforts et de dépenses, que les viticulteurs échapperont à cette crise épouvantable qui a

si terriblement éprouvé nos départements viticoles en
France et que nous ne supporterions certainement pas
dans celui de Constantine.

Mais cette œuvre de reconstitution progressive et prudente devra être dirigée et également aidée par l'Etat et le
Département. La Commission croit être certaine que l'Etat
ne refusera pas, pour une question aussi importante, le
concours qui lui sera demandé, le moment venu. Elle
connaît aussi la sollicitude du Conseil général pour tous
les intérêts agricoles du département. Aussi, croit-elle
pouvoir lui proposer, en terminant, les mesures suivantes, qui lui paraissent de nature à guider les viticulteurs
et à leur venir en aide dans la conservation et la reconstitution de leurs vignobles atteints :

I

Maintenir le système actuel de défense (loi de 1883) en
le modifiant à mesure que les circonstances et les expé-
riences déjà faites en démontreront la nécessité.

II

Encourager les traitements culturaux au sulfure de carbone, dans les régions contaminées, par la subvention de
sommes destinées à l'achat de ce liquide, par des démar-
ches auprès du Gouvernement Général, afin de faire ob-
tenir le sulfure de carbone aux viticulteurs, sinon gratui-
tement, tout au moins à prix réduit.

III

Création de pépinières américaines dans les centres
phylloxérés où l'application de la loi 1883 est abandonnée.

Création d'une école de greffage à Philippeville.

IV

Création d'une école d'agriculture et de viticulture.

Sur ce dernier point et si le Conseil général accueillait
favorablement l'avis émis par la Commission, il pourrait
prier M. le Préfet de constituer une Commission qui serait chargée :

1° De rechercher un domaine pour l'établissement de
l'école ;

2° De prévenir les propriétaires qui auraient des offres à faire ;

3° De dresser un devis des frais incombant soit à l'Etat, soit au Département ;

4° De présenter un rapport au Conseil général dans sa prochaine session.

Dans cette Commission, devraient figurer :

Trois Membres du Conseil général, le Président de la Société d'agriculture de Constantine, un Ingénieur des Ponts et Chaussées, un Docteur et le Professeur d'agriculture.

Le Rapporteur,

Th. BAUGUIL.

Les Membres de la Commission,

BOUJOL. — CAURO. — BAUGUIL.

CONSTANTINE. — IMPRIMERIE ADOLPHE BRAHAM.

www.ingramcontent.com/pod-product-compliance
Lightning Source LLC
Chambersburg PA
CBHW070906210326
41521CB00010B/2077